기후 불평등

질문하는 시민
4

기후
불평등

기후 위기와 지리학

이동민 지음

다정한시민

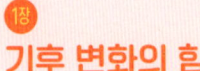

기후 변화의 힘

6장
세계는 어디로 가야 할까?

요즘 날씨는 정말 종잡을 수 없을 정도로 힘들 때가 많습니다. 어떤 해에는 9월 중하순이 되도록 한여름 무더위가 이어지는가 하면, 여름철 내내 비만 내리다시피 하는 해도 종종 있어요. 봄꽃이 피는 시기가 평년과 크게 달라져 봄꽃 축제를 망치는 경우도 심심찮고, 여름이 길어지고 봄과 가을이 사라져 간다는 이야기를 아주 쉽게 들을 수 있지요. 기후 변화는 이제 기후 전문가나 학자들의 공론 수준을 넘어, 우리가 일상생활에서 피부로 느낄 수 있는 현상으로 자리매김한 듯싶습니다.

기후 변화는 그저 여름이 길어져, 또는 비가 너무 많이 와서 불편한 정도의 문제에 그치지 않습니다. 기후는 인간을 비롯한 생명체의 생존, 그리고 인류 문명의 지속 가능성에 직결된 상수이기 때문이지요. 예를 들어 먼 옛날에 번성했던 공룡이나 매머드, 검치호 같은 크고 강한 동물들이 멸종한 까닭은 오랜 기간에 걸친 지구 기후의 변화와 밀접한 관계가 있어요.

인류 문명 역시 기후와 밀접하게 관계됩니다. 전근대에는 대체로 기온이 상승하면 농사가 잘되면서 강대한 문명이 전성기를 맞이했고, 기온이 떨어지면 흉년과 자연재해가 이어지면서 거대한 제국조차 무너지는 일이 많았지요. 이러한 사실은, 기후 변화란 생물의 생태는 물론 인류 문명에도 결정적인 영향을 미치는 한편으로, 실제로는 자연스럽게 일어나는 현상임을 보여 줍니다.

하지만 오늘날의 기후 변화는 과거의 기후 변화와는 크게 다른 부분이 있습니다. 과거의 기후 변화는 굉장히 오랜 시간에 걸쳐 천천히 일어났지요. 공룡이 살던 중생대는 2억 5천만 년 전에 시작해 6600만 년 전에 끝났고, 마지막 빙하기가 끝난 시기도 1만 년이 넘습니다. 반면에 인간이 과도하게 배출한 온실가스는 자연 상태에서라면 수천~수만 년에 걸쳐 이루어질 기온의 변동을 고작 수십 년 만에 일어나게끔 하고 있어요. 자연적인 기후 변화가 아닌 인위적인 기후 변화이지요.

자연적인 기후 변화조차도 거대한 문명과 제국의 흥망성쇠에 결정적인 영향을 미쳤는데, 인위적인 기후 변화가 걷잡을 수 없이 이어진다면 지구 생태계가 큰 타격을 입겠지요?

인류 문명의 지속, 나아가 인류의 생존에도 심각한 위기가 따를 수밖에 없고요. 오늘날의 인위적인 기후 변화를 기후 위기라 부르는 까닭은 바로 이 때문입니다. 그런 점에서 기후 위기에 대해서 올바르게 이해하는 일은 오늘날을 살아가는 사람이라면 반드시 갖추어야 할 교양입니다.

기후 위기를 올바르게 이해하려면 무엇에 주목해야 할까요? 기후 위기는 인위적 요인으로 인해 기후가 자연스러운 수준 이상으로 빠르고 크게 변하는 데 따른 위기를 말하니, 기후가 왜, 어떻게 발생하고 변하는지 살펴야 할 필요성이 큽니다. 그러기 위해서는 우선 지구상에 다양한 기후가 존재하는 까닭인 자연 지리에 대한 이해가 이루어져야 합니다.

아울러 인문 지리에 대한 이해 역시 기후 위기를 올바르게 이해하는 데 중요한 역할을 합니다. 온실가스의 발생이나 기후 위기의 피해 등은 인문 지리적인 차별이나 다양성 등과 긴밀하게 관계되기 때문입니다. 예를 들어 세계 최강국인 미국과 중국이 전 세계 온실가스 총량의 절반 이상을 배출하고 있지만, 정작 이로 인한 피해는 온실가스 발생에 대한 책임이 적은 개발 도상국이 입는 경우가 많지요.

이 책은 우선 지리학의 관점에서, 기후 위기의 의미와 심각성을 살펴봅니다. 지구상에 존재하는 대기와 물의 순환, 그리고 기후와 다양한 인문 현상의 분포와 변화를 다루는 학문인 지리학은, 기후 위기의 의미와 심각성을 살펴보는 데 필수적인 학문 분야이기도 합니다. 그런 다음 세계 각지에서 기후 위기가 어떤 피해를 불러오고 있으며 그러한 위기가 결코 남의 나라 이야기가 아니라는 사실도 알아봅니다. 마지막으로 지리적 불평등이 기후 위기의 불평등과 어떻게 연결되는가를 되짚어 보고, 기후 위기 대처를 위한 노력과 그 현실에 대해서 살펴봅니다.

모쪼록 이 책이 독자 여러분의 기후 위기에 대한 이해, 그리고 기후와 세상에 대한 지리적 시야를 넓히는 데 의미 있는 도움을 줄 수 있기를 기대합니다.

1장

기후 변화의 힘

기후 변화는
언제부터 시작됐을까?

'기후 변화'라는 단어를 들어 보지 않은 사람이 있을까요? 아마 없을 겁니다. '지구 온난화'라는 말도 익숙하지요? 요즘 기후 변화와 지구 온난화에 관한 이야기는 여기저기서 워낙 많이 나오니까요. 인간이 화석 연료와 자원을 지나치게 사용한 탓에 일어난 기후 변화가 인류의 미래에 어둠을 드리운다는 이야기는 꽤 익숙하리라 생각합니다.

그런데 기후 변화는 언제부터 시작됐을까요? 산업 혁명이 시작된 18세기 말부터 기후 변화가 일어나기 시작했다고 알고 있지요? 그렇다면 그전에는 기후 변화가 없었을까요? 기후 변화는 그 자체가 지구와 인류 문명을 뒤흔드는 커다란 사건일까요?

사실은 그렇지 않습니다. 기후 변화는 지구가 생겼을 때부터 쭉 이어져 온 지극히 자연스러운 일입니다. 한 예로, 공룡이 살았던 중생대의 지구 기후는 지금과는 아주 달랐어요. 남극과 북극에 얼음이 거의 없을 정도로 지구가 더웠지요. 그랬기에 거대한 파충류인 공룡이 번성할 수 있었고요. 만약

공룡 화석과 발자국으로 유명한 미국 유타주 모압. 공룡이 살았던 중생대의 기후는 남극과 북극에 얼음이 거의 없을 정도로 더웠다. 사진 shutterstock ⓒPandora Pictures

에 과학 기술이 엄청나게 발전해서 화석에 남은 유전자로 공룡을 되살린다고 하더라도, 오늘날의 지구는 중생대의 기후와 너무 다르므로 공룡은 실험실에서나 살아갈 수 있다고 해요. 공룡이 부활해서 중생대처럼 번성하려면 지구가 지금보다 훨씬 더운 곳이 되어야 할 것입니다.

1만 년 이전의 지구는 마지막 빙하기였어요. 빙하기라고 해서 지구가 완전히 얼음 행성이었던 것은 아니에요. 하지만 오늘날보다 기온이 확연히 낮았고 빙하로 덮여 있는 땅도 지금보다 훨씬 넓었지요. 이렇게 기온이 낮고 서늘하면 농사를 제대로 지을 수 없어요. 추위에 적응한 몸집이 거대한 매머드 같은 동물도 가축으로 길들이기 어렵지요.

그러다 1만 년쯤 전에 마지막 빙하기가 끝난 덕분에 농사를 짓고 가축을 기를 수 있게 되었어요. 인류는 떠돌아다니며 수렵과 채집으로 연명하는 생활에서 벗어나 문명을 이룩할 수 있었죠. 따지고 보면 현대 문명도 마지막 빙하기를 끝낸 거대한 기후 변화와 지구 온난화 덕분에 만들어진 셈입니다.

문명이 시작되고 난 뒤에도 기후는 자연스럽게 변화해 왔어요. 예를 들어 중세였던 10~14세기에 유럽은 기온이 상승

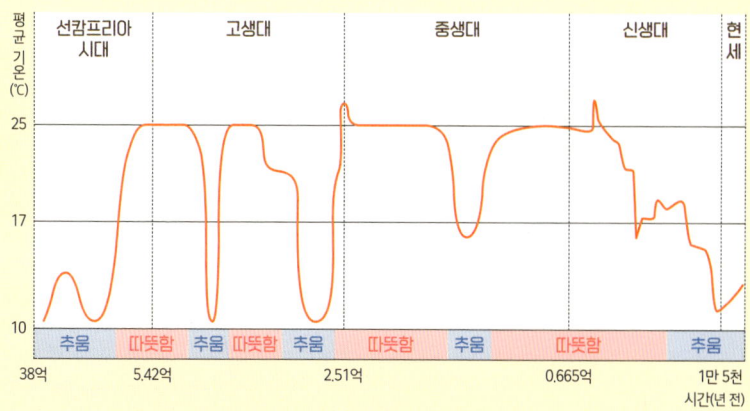

지구의 기온은 지구가 탄생했을 무렵부터 계속해서 바뀌어 왔다. 물론 그러한 기후 변화에는 짧게는 수만 년에서 길게는 수십억 년이라는 긴 시간이 걸렸다. 출처: ZUM학습백과

해서 오늘날에는 포도주와 거리가 먼 영국에서도 포도주가 생산되어 인기를 얻었다고 해요. 반대로 15세기 후반부터 19세기 초반까지는 세계 대부분 지역에서 기온이 떨어져, 이 시기를 소빙기 또는 소빙하기라 부릅니다.

로마 제국의 멸망이
날씨와 관련이 있다고?

기후는 인간의 삶에 많은 영향을 미칩니다. 중생대의 기후에서는 인간이 살기 어려웠겠지요. 인류는 빙하기에는 존재했지만 문명을 일으키지는 못했어요. 한마디로 인류가 문명인으로 존재할 수 있는 까닭은, 지구의 기후가 문명의 형성과 발전에 적합한 수준이 된 덕분이라고 말할 수 있습니다.

오늘날 사람들이 살아가는 방식이나 세계의 다양한 문화도 기후에 절대적인 영향을 받아요. 우리가 겨울에는 두꺼운 옷을 입고, 여름에는 얇은 옷을 입는 것부터가 기후에 적응하기 위한 방식이지요.

한옥은 아궁이와 온돌을 갖추고 있어요. 반면 일본의 전통 가옥은 나무로 만든 얇은 벽과 붙였다가 뗄 수 있는 문을 만들었고, 바닥에는 다다미라고 하는 매트처럼 두껍게 만든 돗자리를 깝니다. 한반도는 겨울에 매서운 추위가 몰아닥치지만, 일본은 한반도보다 겨울 날씨는 덜 춥고 여름은 훨씬 무덥고 습한 기후이다 보니 그런 차이가 생긴 겁니다.

우리는 무더운 여름날 반소매 옷과 반바지를 입지만, 우리

아라비아 사막에서는 뜨거운 햇살을 막기 위해 온몸을 가리는 긴 옷을 입고 머리에 터번을 두른다.
사진 Pixabay ©fulpez

나라의 여름철보다 기온이 더 높은 아라비아 사막에서는 두께는 얇지만 온몸을 가리는 긴 옷을 입고 머리에 터번을 두릅니다. 건조 기후여서 기온이 높지만 습도는 매우 낮다 보니 뜨거운 햇살에 피부가 상하는 것을 방지하기 위해서 그런 옷을 입고 다니는 거예요. 건조 기후 지역에서는 얇고 긴 옷이 뜨거운 열기를 막아 주어서 마치 그늘에 들어간 것처럼 시원함을 준다고 합니다.

문명이 시작된 뒤에도 기후가 자연스럽게 변했다고 했지요? 기후가 어느 정도까지 변해 왔을까요? 인류가 문명을 시작한 1만여 년 전부터 산업 혁명이 일어난 18세기 말~19세기 초반까지 지구의 평균 기온은 1℃ 정도의 범위 안에서 변해 왔답니다. 많이 변해 봐야 1℃ 정도였다니 변화가 거의 없었다고 보아도 괜찮을까요?

하지만 평균 기온 1℃의 차이는 인간과 문명에 엄청난 영향을 미친답니다. 평균 기온이 1℃가량 오르면 농사지을 수 있는 기간이 눈에 띄게 길어져요. 반대로 1℃ 정도 내려가면 서리가 내리는 날이 크게 늘어서 농사지을 수 있는 기간이 현저하게 짧아지고요. 게다가 기온이 갑자기 변하면 대기와 바닷물의 흐름까지 함께 급변하면서 자연재해가 늘어나기

카피톨리나 늑대상. 전쟁의 신 마르스의 쌍둥이 아들로 태어난 로물루스와 레무스는 테베레 강가에 버려져 늑대 젖을 먹고 자랐다. 형인 로물루스가 로마를 건국했다고 전한다. 사진 Pixabay ⓒSerghei_topor

고대 로마 제국의 최대 판도. 로마는 기원전 2세기 무렵부터 시작된 온난화 덕분에 지중해 유역에 존재하던 수많은 나라를 정복하고, 유럽의 대부분과 지중해 전역을 지배하는 세계 제국으로 발전할 수 있었다. 출처: 위키미디어 커먼스 ⓒ Renamed

도 합니다. 전근대에는 농사가 경제의 핵심이었고 식량이나 물자가 풍부하지 않았기 때문에, 자연스럽게 일어난 기후 변화가 거대한 문명과 제국의 흥망성쇠로 이어지는 경우가 많았어요.

예를 들어 고대 로마는 건국 초기에 기온이 상승한 덕분에 서양 문명의 기틀을 다진 대제국으로 발전할 수 있었어요. 로마는 이탈리아반도를 통일하고 포에니 전쟁에서 승리해 지중해 동부의 해양 대국 카르타고를 정복한 직후인 기원전 2세기 무렵부터 농업 생산력이 많이 증가했습니다. 역사상 손에 꼽을 정도로 기온이 상승했기 때문이지요. 이렇게 향상된 경제력을 바탕으로 로마는 유럽에서 손꼽히는 강국 수준을 넘어, 당시 유럽에 존재했던 수많은 나라와 민족 집단을 정복하고 세계 제국을 세웠어요. 그 덕분에 오늘날 유럽의 지리적 토대를 쌓을 수 있었던 거지요.

그러던 로마는 서기 3세기 무렵부터 기온이 낮아진 탓에 흉년과 자연재해에 시달리며 쇠퇴해 갔어요. 이탈리아반도를 포함한 로마 서부가 특히 기후 변화의 직격탄을 맞아 황폐해지면서 로마는 395년에 동서로 분열했지요. 그중 서로마 제국은 476년에 멸망하고 맙니다.

고대 중국의 한나라도 마찬가지로 기온 상승 덕분에 동아시아 문명의 기틀을 다진 대제국이 되었어요. 한나라는 서초패왕 항우를 격파하고 중국의 통일 왕조가 된 직후인 기원전 200년, 만리장성 북쪽의 기마 유목민인 흉노족과의 전쟁에서 패배하는 바람에 1백 년 가까이 그들에게 막대한 공물을 바치는 굴욕까지 겪어야 했습니다. 하지만 때마침 그 무렵부터 한나라의 기후가 눈에 띄게 온난 습윤해진 덕분에 한나라의 국력은 날이 갈수록 강해졌지요.

한 무제(재위 기원전 141년~기원전 87년)는 그렇게 착실히 쌓은 국력과 군사력을 바탕으로 흉노족을 정벌함은 물론 주변 지역도 정복했어요. 그러면서 중국에 바탕을 둔 한자, 유교, 불교 등을 공유하는 동아시아 문화권(한국, 중국, 일본, 베트남)의 밑그림이 그려지기 시작했지요.

그런 한나라도 2세기부터 기온이 낮아지며 흉년과 자연재해에 시달리기 시작했고, 굶주림과 전염병에 지친 수많은 농민들이 일으킨 황건적의 난(184년)으로 치명타를 입었어요. 결국 한나라는 220년 멸망합니다. 황건적의 난이라 하니 어디선가 들어본 듯하지 않나요? 그렇습니다. 유비, 관우, 장비, 제갈량을 비롯한 수많은 영웅호걸의 이야기로 우리에게

만리장성은 흉노족 등 유목 민족의 침입을 막기 위해 진시황 때 만든 성곽이다. 그 후 1000년 동안 계속 만들어 각 구간마다 구조가 다르다. 사진 shutterstock ©Dolezalphoto.cz

『삼국지연의』 삽화. 황건적을 토벌하는 유비, 관우, 장비. 중국 한 왕조를 멸망으로 몰아간 황건적의 난은 사실 기후 변화로 인한 흉년 때문에 삶 터를 잃고 살길이 막막해진 농민들이 견디다 못해 일으킨 측면이 다분 히 있다. 출처: 위키미디어 커먼스

도 익숙한 『삼국지연의』에서 황건적 토벌에 나서는 이야기가 그려지지요.

조선 시대 최악의 자연재해였던 경신 대기근(1670~71년) 역시 조선이 소빙기에 접어들어 평균 기온이 1℃ 정도 낮아지면서 일어났어요. 1670년부터 2년간 한창 농사를 지어야 할 봄에서 초가을 사이에 서리와 우박이 내리는 이상 기후와 자연재해가 빈발했지요. 비도 너무 많이 내린 탓에 그해 농사를 완전히 망치고 말았어요. 역사상 최악의 흉년으로 인해 사람들이 굶주림에 시달린 데다 기온까지 낮아지니, 엎친 데 덮친 격으로 조선 전역에 끔찍한 전염병까지 널리 퍼졌지요.

조선 조정에서는 전국 각지에 진료소와 구휼소를 세워 환자들을 치료하고 식량을 나누어 주며 사람들을 구하기 위해 노력했어요. 하지만 너무나도 극심했던 경신 대기근이 불러온 참상을 막아 내기에는 역부족이었어요. 천민이나 상민은 물론 심지어 왕족 중에서도 전염병과 굶주림을 이기지 못하고 목숨을 잃는 이들이 여럿 나왔습니다. 임진왜란이나 병자호란보다도 경신 대기근이 훨씬 더 끔찍한 재난이었다는 이야기까지 있을 정도였죠.

경신 대기근으로 인해 노비나 백정 같은 천민들이 목숨을 많이 잃으면서 조선의 신분제가 크게 흔들리기 시작했어요.
또 주요 수출품인 산삼이 말라 죽는 바람에 인삼 재배가 본격화하기 시작했으며, 추위를 이기기 위한 온돌이 보편화하기 시작했다고 해요. 오늘날 우리가 알고 있는 우리나라의 전통문화 역시 기후 변화에 영향받은 부분이 많은 셈입니다.

경신 대기근 이후 추위를 이기기 위한 온돌이 보편화되었다. 온돌은 아궁이에 불을 땔 때서 화기가 방 밑을 통과하여 방 전체를 덥힌다. 사진 shutterstock ©GM pictures

지구 온난화의 시대가 아니라
지구가 끓는 시대

요즘에는 많은 사람이 기후 변화를 걱정합니다. 기후 변화 때문에 지구와 인류 사회가 큰일이 날 거라고 우려하는 목소리를 흔히 들을 수 있지요. 기후 변화는 분명히 자연스러운 현상이라고 했는데 어째서 사람들은 기후 변화를 그토록 걱정할까요?

2013년 개봉한 영화 〈설국열차〉는 기후 위기를 막기 위해 전 세계가 대기에 살포한 물질 때문에 빙하기가 도래해 세계가 멸망한 뒤의 이야기를 다루고 있어요. 만약에 지구 기후가 중생대처럼 바뀐다면, 아니면 지구에 다시 빙하기가 도래한다면 인류 문명은 치명타를 입거나 멸망할지도 모릅니다.

하지만 이런 식의 기후 변화가 이루어지기까지는 어마어마한 시간이 걸렸답니다. 중생대는 지금으로부터 약 2억 5천만 년 전부터 6600만 년 전까지의 지질 시대이고, 마지막 빙하기는 지금으로부터 1만~1만 2천 년 전에 끝났어요. 미래의 일은 아무도 모른다고 하지만, 만약에 기후가 자연스러운 수준 안에서만 변한다고 본다면 당장 수십~수백 년 뒤에 인류가 멸망의 위기를 겪을 정도로 극심한 기후 변화가 일어날 가능성은 거의 없다고 봐도 좋습니다.

그런데 19세기 이후에 일어난 기후 변화는 자연의 한계를 뛰어넘을 정도로 너무 크고 빠르게 이루어지고 있는 게 문제입니다. 이 무렵부터 산업 혁명으로 인해 공장과 탈것에서 그 전과는 비교할 수 없을 정도로 엄청나게 많은 화석 연료를 태우기 시작했어요. 인류의 삶은 혁명적으로 편리해지고 풍요로워졌지요. 하지만 화석 연료를 태우면 많은 양의 이산화 탄소가 대기 중으로 방출되는데, 이산화 탄소는 지구에서 발생하는 열을 붙잡아 두는 성질이 있습니다. 화석 연료를 많이 태우다 보니 이산화 탄소가 자연스러운 상태보다 훨씬 많이 대기 중에 퍼지고, 그러면서 지구에서 발생한 열이 방출되지 않고 지구에 남으면서 기온이 올라가는 현상이 일어나게 되지요.

이산화 탄소와 같이 열을 붙잡아 두어 지구의 기온을 상승하게 만드는 기체를 온실가스라 부릅니다. 산업이 발달할수록, 인구가 증가할수록 이산화 탄소를 비롯한 온실가스가 대기 중에 방출되는 양이 늘어나지요. 그러다 보니 기온은 자연적으로 일어나는 정도를 훨씬 넘어선 폭과 속도로 상승하

2023년 7월, 안토니우 구테흐스 유엔 사무총장은 이제 지구 온난화의 시대가 끝나고 지구가 끓는 시대에 접어들었다고 말했다. 아이슬란드 미바튼 호수 크베리르 지열 지대. 사진 shutterstock ⓒ Creative Travel Projects

는 것입니다. 인간이 방출한 온실가스 때문에 자연스러운 수준보다 더 크고 빠르게 일어나는 기후 변화를 '인위적 기후 변화'라고 부릅니다.

사실 인류는 문명을 이루기 시작하면서 도시를 만들고 땔감을 태워 왔기 때문에, 지구 평균 기온은 전체적으로 조금씩 상승해 왔어요. 문명이 시작된 1만여 년 전부터 산업 혁명 직전인 18세기 후반까지, 지구 평균 기온은 0.8℃ 정도 상승했지요. 평균 기온 1℃ 이내의 변화가 역사에 큰 영향을 미쳤다고 했으니, 무시할 정도가 아닌 듯도 하지요? 하지만 그와 같은 변화가 일어나는 데 걸린 시간이 1만 년이나 되다 보니, 자연과 생태계가 큰 무리 없이 적응하고 감당할 수 있었지요. 당연히 인류 문명에도 별다른 타격을 줄 정도는 아니었고요.

인위적 기후 변화는 그 정도가 달라요. 산업 혁명이 시작된 뒤 지금까지의 시간은 대략 250년이에요. 그동안 상승한 지구 평균 기온이 0.6℃ 정도입니다. 한마디로 아무리 적게 잡아도 6~7천 년 이상 걸리는 기후 변화가 고작 250년 정도 만에 이루어진 것이지요. 게다가 변화 속도 역시 가파르고, 특히 0.6℃의 기온 상승 중에서 상당 부분은 20세기 이후에 일어난 거예요. 심지어 오늘날 세계는 21세기가 끝날 무렵 지구 평균 기온이 1.5℃보다 더 많이 올라가지 않는 데 목표를 두고 있을 정도입니다.

전근대에 자연스럽게 일어난 1℃ 이하의 기온 변화도 인류 역사에 중대한 영향을 미쳤는데, 한 세기도 안 되는 기간 동안 지구 평균 기온이 2~3℃ 이상 올라가면 미래의 과학 기술로도 대처하기 어려운 끔찍한 위기가 닥칠 위험성이 큽니다. 그저 경제가 어려워지거나 나라가 몰락하는 수준을 넘어서, 지구라는 행성 자체가 다른 동식물은 물론 사람도 살아가기 어려운 곳으로 변모하지 말라는 법도 없지요.

지난 2023년 7월, 안토니우 구테흐스 유엔 사무총장은 이제 지구 온난화의 시대가 끝나고 '지구가 끓는' 시대에 접어들었다고 말했어요. 그만큼 기후 변화는 인류에게 손해를 입히는 정도를 넘어 지구 전체를 망가뜨릴 수 있는 심각한 위기가 되었습니다.

개발 도상국은
선진국이 배출한 탄소로 인해
기후 재난 피해를 가장 심하게 겪는다.

2023년 8월 5일 방글라데시 치타공, 계속되는 폭우로 도로가 침수되었다.

2장

기후와 지리의 관계

기후에 적응한
몽골의 천막집과 일본의 다다미

여러분은 '지리'라고 하면 무엇이 떠오르나요? 아마도 사회 시간에 배우는 지리 내용이 가장 먼저 떠오를 것 같네요. 고등학교에서는 『한국 지리 탐구』, 『세계 시민과 지리』, 『여행 지리』처럼 '지리'라는 이름이 붙은 선택 과목을 공부할 수 있어요. "이곳에 오래 살아서 이곳 지리에 익숙해.", "처음 와 보는 곳이라서 지리를 잘 모르겠어." 같은 표현처럼 '지리'라는 단어는 길 찾기라는 뜻으로도 많이 쓰이지요.

그렇지만 지리는 길 찾기만을 위한 학문이나 교과목이 아닙니다. 땅, 그리고 땅 위에 존재하는 다양한 환경과 인간이 어떻게 상호 작용을 하는가를 살펴보는 학문이 바로 지리학입니다. 사람은 땅 위에서 살아가는 존재이고 지구상에 존재하는 땅은 위치에 따라 다양한 환경을 갖고 있지요. 험준한 산지가 있는가 하면 드넓은 평야가 펼쳐진 곳도 있어요. 땅은 다양한 지형을 갖고 있습니다.

또 무더운 열대 기후가 나타나는 지역이 있는가 하면 1년 내내 추운 날씨가 이어지는 한대 기후 지역도 있고, 사막과 같은 건조 기후가 나타나는 지역도 있죠. 기후가 달라지면 자연환경의 모습이 확연히 달라집니다. 지구 표면을 온대, 한대, 열대 등 기후를 기준으로 구분하는 까닭은 바로 이 때문이지요.

기후는 자연환경을 나누는 자연 지리적 기준이기만 한 것은 아닙니다. 사람들이 살아가는 모습과 방식, 즉 인문환경을 나누는 인문 지리적 기준이기도 하지요. 왜냐하면 사람이 살아가려면 자연환경에 적응해야 하고, 그러면서 살아가는 모습과 사고방식, 즉 문화가 달라지기 때문입니다.

예를 들어 우리에게 집이란 움직이지 않는 건물이지만 몽골인과 같은 유목민의 전통 가옥은 뜯어서 옮길 수 있는 천막처럼 생긴 형태입니다. 유목민의 삶터는 건조한 스텝 기후(연평균 강수량 250~500mm)가 나타나는 지역이기 때문이지요. 척박하고 건조한 스텝 기후에서는 농사를 짓는 것이 극히 힘들지만, 사막(연평균 강수량 250mm 미만)보다는 습윤해서 초원이 펼쳐지기 때문에 유목 생활은 가능합니다. 그러다 보니 유목민은 나무나 돌로 가옥을 짓는 대신 천막을 집처럼 삼을 수밖에 없었지요.

일본의 전통 가옥이 짚으로 만드는 매트처럼 생긴 다다미

유목민의 삶터는 건조한 스텝 기후가 나타나는 지역이다. 가축을 기르기 위해 풀을 따라 옮겨 다니며 살아가기에 집을 옮길 수 있도록 천막으로 만든다. 사진 shutterstock ©Omri Eliyahu

를 바닥에 깔고 벽과 문은 떼어 낼 수 있도록 얇게 만드는 까닭도, 여름이 대단히 무더운 기후 특성과 관계있다고 이야기했지요. 이슬람교의 교리가 술과 돼지고기를 금기하는 까닭도 이슬람교의 발상지인 사막 지역의 기후가 돼지 사육에 부적합하다는 이유와 관계있을 가능성이 크다고 합니다. 기후는 자연환경의 모습은 물론 정신문화를 포함한 인문환경의 모습에도 큰 영향을 미치는 셈이지요.

아울러 인류 문명이 발전하고 과학 기술이 정교해짐에 따라 사람이 땅의 모습을 바꾸기도 합니다. 큰 도시가 들어선다든지 댐을 건설해 물을 가두거나 터널을 뚫어 험준한 지형 사이로 교통로를 건설하는 식으로 말이지요. 이렇게 인간의 힘으로 바뀐 땅과 만들어진 환경은 또다시 사람들이 살아가는 방식에 영향을 미치게 됩니다.

일례로 전근대 농어촌에서의 삶이 함께 농사를 지으며 자연스럽게 형성된 공동체 위주였다면, 현대 대도시는 개인주의와 익명성이 강한 도시 문화가 지배하는 공간이지요. 전근대 농어촌과 현대의 도시는 한눈에 보더라도 지리적으로 매우 이질적인 공간이에요. 오늘날에는 도시화로 인해 전 세계적으로 인구 대부분이 소수의 대도시에 몰려 사는 인문 지리

일본은 여름이 무덥고 매우 습한 기후이다. 짚을 넣은 바닥재인 다다미를 깔아 습기를 막아 준다.
사진 Pixabay ⓒchxfly9527(위), ⓒkato0816(아래)

적 변화도 일어나고 있습니다.

현대 토목 기술이 가진 힘으로 만들어진 대도시 역시 기후와 환경을 완전히 무시하고 들어서기는 어렵습니다. 사막이라든가 열대 우림, 툰드라 등과 같은 극단적인 기후 환경을 가진 지역에 대도시나 대규모 산업 시설 등이 들어서는 경우는 찾기 어려워요.

미국 네바다주의 라스베이거스나 애리조나주의 피닉스는 사막 한가운데에 들어선 대도시지만, 이는 어디까지나 예외적인 경우일 뿐이지요. 예를 들어 라스베이거스는 도시 근처에 후버 댐이라는 거대한 댐이 건설된 덕분에 세워질 수 있었어요. 사막에 도시를 세우려고 이런 큰 댐을 사막 곳곳에 만들 수는 없는 노릇이겠지요.

지구의 다양한 기후는 지구상의 자연 지리 환경은 물론 인문 지리 환경에도 큰 영향을 미칩니다. 그러므로 지리학에서는 기후를 기준으로 세상을 구분하며, 기후를 연구하는 기후학은 지리학의 중요한 분과 학문으로 자리매김하게 되었습니다.

다양한 기후는
어떻게 만들어질까?

그렇다면 기후는 어떻게 만들어질까요? 세계의 다양한 기후는 매우 복잡한 메커니즘을 통해 만들어지지만, 아주 단순하게 접근하면 기후란 태양 에너지가 지구상에 존재하는 대기와 물, 그중에서도 바닷물과 상호 작용을 하며 생긴 산물이라고 볼 수 있어요.

지구에 도달하는 태양 에너지는 강한 빛과 열을 가지고 있어 지구에 막대한 영향을 미칩니다. 태양 에너지가 없다면 애초에 생명의 탄생도 없었겠지요. 그런데 지구에는 질소, 산소, 아르곤, 이산화 탄소 등 다양한 기체 성분으로 구성된 대기가 존재하기 때문에, 태양 에너지가 바로 들어오고 나가는 대신 지구의 기온을 일정한 정도로 유지되게끔 해 줍니다.

지구보다 대기의 밀도가 훨씬 희박한 달과 화성에서는 태양 에너지가 들어오는 낮과 태양 에너지를 받지 못하는 밤의 기온 차이가 160℃에서 많게는 360℃ 가까이 벌어집니다. 금성의 표면은 평균 온도가 500℃ 정도에 달하지요. 지구보다 태양과 가까운 데다 온실가스인 이산화 탄소가 대부분을 차지하는 두껍고 밀도가 높은 대기로 둘러싸여 있기 때문이에요. 이런 환경에서 생물이 살아가기는 거의 불가능하겠지요? 하지만 지구의 대기는 달과 화성, 그리고 금성과는 크게 다르므로 생물이 살아갈 수 있는 기후 환경이 마련될 수 있었어요.

대기뿐만 아니라 물, 특히 바다의 존재도 기후에 절대적인 영향력을 행사합니다. 지구 표면적의 70%를 차지하는 바다는 막대한 양의 물을 품고 있지요. 지구상에 존재하는 물의 97%가 바닷물이라고 하니, 바다가 얼마나 많은 물을 품고 있는지 알 수 있지요? 물은 땅보다 비열이 크답니다. 한마디로 땅보다 천천히 뜨거워지고, 천천히 식어요. 그러다 보니 바다 덕분에 지구는 화성이나 금성, 달보다 훨씬 안정적인 기온을 가진 행성이 될 수 있어요.

바다가 태양 에너지를 받으면 많은 양의 물이 증발하게 됩니다. 증발한 물은 구름을 이루고 대기의 흐름, 즉 바람을 타고 이동한 구름은 바다나 육지에 비를 내리지요. 물이 없는 금성이나 화성, 달에서는 있을 수 없고 오직 지구에서만 일어날 수 있는 기후 현상이 강수, 즉 눈이나 비가 내리는 것입니다.

잉카의 수도였던 페루의 쿠스코. 페루는 위도가 낮아 저지대에는 열대 우림이 펼쳐지지만, 고산 기후가 나타나는 데다 넓으면서 평탄한 알티플라노고원은 사람이 살기에 적합하다. 사진 Pixabay ⓒalfcermed

아울러 바다의 흐름, 즉 해류도 태양 에너지와 상호 작용을 하며 일어납니다. 지구상에 존재하는 수많은 해류는 수온이 서로 다르답니다. 난류, 즉 따듯한 해류가 흐르는 곳에 있는 지역은 대체로 온화한 기후를 가지며, 한류, 즉 수온이 낮은 해류가 흐르는 지역은 대개 서늘하거나 추운 기후를 가지는 경우가 많아요.

한반도와 위도가 비슷하거나 심지어 조금 높기까지 한, 즉 한반도보다도 약간 북쪽에 자리 잡은 에스파냐, 포르투갈, 이탈리아 등의 남유럽 국가들에서 되레 한반도보다 더 따듯한 기후가 나타나는 까닭도 해류와 관계가 깊어요. 동해에는 함경도에서 강원도까지 한류인 리만 해류가 흐르며, 이 때문에 특히 한반도 북부의 겨울은 대단히 추워요. 반면 대서양에는 난류인 멕시코 만류가 흐르며, 그 덕분에 유럽은 한반도보다 위도가 훨씬 높아도 그에 비해 대체로 온난한 기후가 나타나죠.

심지어 한류 때문에 사막이 만들어지기도 해요. 칠레 북부의 아타카마 사막은 세계에서 가장 건조한 사막으로 알려져 있어요. 사막 근처를 흐르는 페루 해류가 차가운 한류다 보니 증발이 제대로 이루어지지 않아 구름이 만들어지지 못하

잉카 제국 유적지 마추픽추. 해발 2437미터에 위치한 고산 도시로, 400여 년 동안 잊혀 있다가 1911년 하이럼 빙엄 교수에 의해 발견되었다. 사진 Pixabay ⓒYolanda(위), ⓒdassel(아래)

기 때문입니다.

지구의 다양한 지형은 태양 에너지와 대기, 물이 상호 작용을 해 빚어낸 기후를 더한층 다양하게 만듭니다. 높고 험준한 산지는 평지나 지대가 낮은 곳에 비해 추울 수밖에 없지요? 실제로 기후학에서는 고산 지대에서 나타나는 기후를 고산 기후라고 따로 분류합니다. 페루와 볼리비아의 해발 고도 2000~4000미터에 달하는 산지에서 발달한 잉카 문명은 고산 기후의 덕을 크게 보며 발전한 문명입니다.

중앙아시아에 사막, 스텝과 같은 건조 기후가 넓게 펼쳐지는 까닭도 지형 때문이에요. 바다로부터 멀리 떨어진 내륙 지방인 데다 바다와의 사이에 히말라야산맥, 파미르고원과 같은 거대하고 험준한 산맥까지 자리 잡고 있으니, 구름이 중앙아시아에 도달하기 전에 비를 모두 소진하거나 산맥에 가로막혀 도달하지 못한 결과입니다.

대기와 물의 순환이
갑자기 바뀌면?

이처럼 기후는 태양 에너지와 대기, 물의 순환이 다양한 지형을 가진 지구 위에서 복잡하게 연결되고 상호 작용을 하며 만들어진 산물이랍니다. 그렇다면 태양 에너지와 대기, 물의 순환 과정에서 어떤 변화가 생기면 무슨 일이 일어날까요?

지구의 기온이 지나치게 많이, 빠른 속도로 올라가면 빙하가 녹으면서 해수면이 상승하고, 해안 지대나 작은 섬부터 바닷물 속으로 가라앉는다는 이야기는 익히 들어 보았을 거예요. 그런 일이 실제로 일어난다면 인류 사회는 큰 위기를 맞을 수밖에 없겠지요.

그런데 인위적 기후 변화가 인류 사회에 가져올 위기는 그 정도에 그치지 않아요. 기온이 올라가면 대기와 물의 순환에도 큰 변화가 오거든요. 물을 끓이면 뜨거워질 뿐만 아니라 수증기를 내뿜고 물이 움직이기도 하는데, 불을 강하게 하면 물이 빨리 끓는 정도를 넘어서 수증기의 양과 움직임, 그리고 물의 움직임도 달라집니다. 그런 일이 지구 전역에 걸쳐서 일어난다고 보면 되지요. 인위적 기후 변화는 지구의 기

기후는 태양 에너지와 대기, 물의 순환이 다양한 지형을 가진 지구 위에서 복잡하게 연결되고 상호
작용을 하며 만들어진 산물이다. 사진 Pixabay ⓒjosealbafotos

인위적 기후 변화는 지구의 기온만 올리는 게 아니라 대기와 물의 순환을 바꾸면서 가뭄, 홍수, 태풍
등 자연재해를 일으킨다. 사진 Pixabay ⓒHans

온만 올리는 게 아니라, 대기와 물의 순환을 바꾸면서 단순히 따듯해지는 수준을 넘어서는 기후의 큰 변화를 일으킵니다. 이렇게 갑작스럽게 바뀐 기후는 사막을 넓힌다거나, 비를 지나치게 많이 오게 한다든가, 자연재해나 이상 기후 현상이 자주 일어나게 만드는 등의 문제를 불러일으킵니다.

한 가지 예를 들어 볼까요? 엘니뇨(El Niño)와 라니냐(La Niña)라는 용어는 뉴스에서 들어 봤을 거예요. 대개 엘니뇨 때문에, 아니면 라니냐 때문에 이상 기후가 일어난다든지 하는 식이지요. 여기서 엘니뇨는 태평양 동부의 수온이 높아지는 현상을, 라니냐는 그 반대로 태평양 동부의 수온이 낮아지는 현상을 말합니다. 태평양 동부에서 수온이 오르면 고기잡이가 잘된다고 해서 에스파냐어로 남자아이라는 뜻을 가진, 그리고 아기 예수를 은유하기도 하는 엘니뇨라는 이름을 붙였어요. 태평양 동부에서 수온이 낮아지는 현상은 엘니뇨와 반대되므로 여자아이라는 뜻을 가진 라니냐라고 이름을 붙였고요.

사실 엘니뇨와 라니냐는 자연스러운 현상입니다. 엘니뇨와 라니냐가 수백 년에서 길게는 천 년도 넘는 시간을 주기로 조금씩 변화하면서 지구의 기후도 변화해 왔지요. 한 예로 고대 그리스 문명의 선조라고 할 수 있는 고대 미노스 문명은 천 년이 넘도록 번영하다가, 근거지인 크레타섬이 엘니뇨의 변화에 따른 가뭄을 이기지 못하고 기원전 1200년 무렵 결국 멸망했다는 이야기도 있습니다.

문제는 인위적인 기후 변화 때문에 대기와 물의 순환이 갑작스레 변화하면서 엘니뇨와 라니냐의 주기도 예측할 수 없는 식으로 변해 간다는 사실이에요. 태평양의 수온 변화가 자연스러운 수준을 넘어설 정도로 크고 빠르게 이루어지니, 지구 전체의 기후에 영향을 주어 이상 기후 현상이 증가하는 것이지요.

게다가 동식물의 생태는 우리가 생각하는 것 이상으로 기온 변화에 민감합니다. 평균 기온이 1℃ 정도만 차이가 나도 농작물의 생태는 크게 바뀌어요. 앞에서 평균 기온 1℃의 변화로도 서리가 내리는 날의 수가 크게 달라지기 때문에, 농사를 지을 수 있는 기간에도 큰 차이가 발생한다고 말씀드렸지요. 물고기들도 수온이 조금만 변화하면 서식지를 옮기거나, 심하면 떼죽음을 당하기도 합니다.

한마디로 인위적인 기후 변화가 일어나면 그저 기온만 오르는 게 아니라, 지구 전역에서 이루어지는 대기와 물의 순환까지 어그러지면서 예측할 수 없는 이상 기후, 자연재해로까지 이어질 수 있습니다. 심지어 지구 온난화라는 표현이 무색하게 한파가 일어날 수도 있어요. 그렇게 된다면 당연히 인류의 미래, 아니 우리들의 삶에도 심각한 피해가 따를 수밖에 없습니다.

한파와 폭설도
지구 온난화 때문이야

2018년 11월 22일, 도널드 트럼프 당시 미국 대통령이 자신의 SNS 계정에 다음과 같은 게시물을 올렸습니다. 미국에 기록적인 한파가 닥쳤으니 기후 위기가 거짓말이라는 내용입니다.

"모든 기록을 갈아 치울 정도로 무자비하고 긴 한파가 들이닥쳤다. 지구 온난화라니 무슨 소리인가?"

실제로 이 무렵에는 미국 중부와 동부에 극심한 강풍을 수반한 이례적인 한파가 불어닥쳤고, 특히 중서부 캔자스주에서는 역사상 두 번째로 많은 눈이 내릴 정도였지요. 그뿐만이 아닙니다. 그보다 1년 앞선 2017년 11월~2018년 1월에는 미국 중부와 동부는 물론 캐나다까지 백 년 만에 최초라 불릴 정도의 한파와 폭설이 몰아쳤어요. 지난 2024년 1월에도 미국에서는 극심한 한파와 폭설로 인해 1주일 동안 90명 가까운 사람이 목숨을 잃었습니다.

지구 온난화 시대의 한파는 남의 나라 이야기만도 아닌 듯합니다. 2025년 우리나라 1월 평균 기온은 평년보다 약간 높

알제리 아인 세프라 사막 도시. 내리쬐는 햇살과 건조한 환경으로 유명한 사하라 사막에 눈이 쏟아
졌다. 사진 shutterstock ⓒBouzid Omar-Pixie Films

았지만, 날씨가 슬슬 풀려야 할 2월 중하순에 한파가 닥치더니 3월에도 이상 기온이 이어졌어요. 3월 중순에는 꽃샘추위가 전국을 강타하더니 하순에는 기온이 평년치를 크게 웃돌 정도로 급속하게 상승했지요. 이에 따라 봄꽃 축제를 운영하는 지방 자치 단체들이 봄꽃이 제때 피어나지 않아 울상을 지었죠. 농민들은 과일나무 꽃을 피울 시기와 곡물을 파종할 시기가 잘못될 수 있어 깊은 시름에 빠지기도 했습니다.

심지어 겨울이나 눈, 추위와는 아예 거리가 멀어 보이는 곳에 한파가 불어닥치고 폭설이 내리는 일까지 일어났어요. 2018년에는 사하라 사막에 폭설이 내렸고, 2022년 1월에도 같은 일이 또다시 일어났지요. 2024년 11월에는 사우디아라비아 사막에 눈이 내리는 일까지 일어났고요. 이들 사막은 상식적으로 눈이 내리리라고는 생각할 수 없는 곳입니다.

지구 온난화와 기후 위기를 '사기극'으로까지 몰고 가는 트럼프의 주장과 달리, 이처럼 이상한 한파와 폭설은 지구 온난화가 빚어낸 비극입니다. 세계 여러 지역에서 혹한과 폭설이 이어지는 동안, 극지에서는 기온이 과도하게 오르며 빙하와 빙산이 녹아 가고 있었지요. 환경 단체 그린피스는 2024년에 노르웨이 북쪽에 있는 스발바르 제도의 빙하가 대부분 녹아 맨땅이 드러난 사진을 공개했어요. 이런 일이 계속되면 극지에 머물러야 할 찬 공기가 극지 밖으로 빠져나가고, 빙하와 빙산이 녹은 찬물이 극지를 벗어나 중위도, 저위도의 바다까지 흘러갑니다. 이처럼 중위도, 저위도 지역에 차가운 공기와 바닷물의 유입이 이루어지면, 이 때문에 해당 지역 기온이 되레 낮아지면서 한파와 폭설이 불어닥치는 거지요. 한 예로 지난 2025년 1~2월 한반도를 강타한 한파는 평년보다 기온이 무려 20℃나 상승한 북극에서 풀려난 찬 공기 덩어리가 한반도에까지 영향을 주면서 일어난 일입니다.

기후 위기가 거짓이라는 주장을 펼쳐 온 트럼프의 말과는 달리, 지구 곳곳에서 일어나고 있는 한파와 폭설은 사실 지구 온난화가 불러온 또 다른 이상 기후입니다. 기후는 지구 전체를 순환하며 만들어지기 때문에 특정 지역에서 일어나는 기후 현상만 가지고 기후 위기를 재단해서는 안 됩니다. 지구 전체의 기후 체계를 무너뜨리는 기후 위기는 지리적인 요인과 결부되며 지역별로 다양한 이상 기후와 기상 이변을 만들어 내지요.

세계 기후는 대기와 물이 지구상의 다양한 지리적 환경과 복잡하게 상호 작용을 하며 순환하는 데 따른 결과물입니다.

환경 단체 그린피스가 노르웨이 북쪽에 있는 스발바르 제도 빙하 지역의 과거와 현재를 비교한 사진을 공개했다. 1967년 빙하가 둘러싼 닐센피엘레 산과 2024년 8월 빙하가 녹아내려 산맥이 그대로 드러난 모습. 출처: 그린피스

세계 여러 지역에서 지구 온난화가 빚어낸 한파와 폭설이 이어지는 동안 극지에서는 기온이 과도하게 오르며 빙하와 빙산이 녹아 가고 있다. 사진 Pixabay ⓒmakabera

기온이 너무 빠른 시간 동안 과도하게 변하면 이 같은 복잡한 상호 작용 과정이 뒤틀리면서 예측하기 어려운 이상 기후와 기상 이변, 자연재해가 일어날 가능성이 매우 커집니다. 지구 온난화 시대에 심지어 뜨거운 사막에까지 한파와 폭설이 불어닥치는 까닭도 바로 그 때문이지요. 인위적인 지구 온난화가 단지 지구를 따듯하게 만드는 정도를 넘어서 인류의 미래를 크게 위협하는 기후 위기인 까닭은 바로 이 때문입니다.

미래 세대는

이전 세대가 배출한 탄소로 인해

기후 재난 피해를 고스란히 겪어야 한다.

2019년 3월 15일 호주 시드니. 2만여 명의 학생들이 기후 변화에 대한 긴급한 조치를 요구하는 시위를 하고 있다. 사진 shutterstock ©Holli

3장

가라앉고 무너지고 망가지는 지구

바닷물이 차올라
국토가 잠기는 섬나라

2021년 11월 영국 글래스고에서 열린 제26차 유엔 기후 변화 협약 당사국 총회에서는 '수중 연설'이라는 진풍경이 벌어졌어요. 태평양의 작은 섬나라인 투발루의 사이먼 코페 외무 장관이 무릎까지 바닷물이 들어오는 투발루 앞바다에 들어가 연설하는 장면이 회의장에서 방영되었지요. 코페 외무 장관은 기후 위기에 대한 조속하고 실효성 있는 대안을 촉구했답니다.

국토에서 해발 고도가 가장 높은 곳이 4.6m에 불과한 투발루는 기후 위기에 따른 해수면 상승에 극히 취약합니다. 실제로 국토가 조금씩 바닷물 속으로 가라앉는 위기에 처해 있어요. 이처럼 기후 위기에 대한 대책 마련이 절박하다 보니, 투발루 외무 장관이 바닷물 속에 연단을 마련해 수중 연설까지 했지요. 코페 외무 장관이 연설한 곳은 원래 육지였지만 해수면 상승으로 인해 바닷물이 들어찬 곳입니다. 기후 위기의 심각성을 알리려고 일부러 그곳을 연설 장소로 선택했다고 하니, 투발루의 위기가 얼마나 절박한가를 잘 알 수

투발루 앞바다에 들어가 무릎까지 차오르는 물속에서 연설하는 사이먼 코페 투발루 외무 장관.
출처: 사이먼 코페 외무 장관 페이스북 계정

투발루는 오세아니아의 폴리네시아 지역에 위치한 섬나라이고, 수도는 푸나푸티이다. 바티칸을 제외하면 세계에서 가장 인구가 적은 나라 중 하나다. 사진 shutterstock ⓒRomaine W

있습니다.

이로부터 2년 뒤인 2023년 11월, 투발루 정부는 호주 정부와의 정상 회담을 통해 매년 투발루 전체 인구(2023년 당시 약 11,200명)의 2.5%에 해당하는 280명을 호주로 이주하도록 하는 협정을 체결합니다. 넓은 국토에 비해 인구가 적어 국토 공간에 비교적 여유가 있는 데다 호주로서는 태평양 방면으로 대대적인 세력 확대를 하는 중국을 견제할 필요성이 절실했기 때문이지요.

국토가 수몰될 위기 속에서 호주 땅으로 이주할 기회가 주어진 점은 그래도 다행이지만, 투발루인 처지에서는 삶터를 잃은 채 어쩔 수 없이 외국 땅으로 이주해야 하는 것은 큰 불행이기도 해요. 이처럼 기후 위기 때문에 삶터를 잃는 불행을 겪는 사람들을 '기후 난민'이라고 부릅니다.

안타깝게도 국토가 수몰될 위기에 처한 기후 난민의 발생은 투발루만의 문제가 아닙니다. 태평양에는 산호섬을 포함한 수많은 섬나라가 있고, 인도양에도 관광지로 이름난 몰디브를 비롯한 여러 개의 섬나라가 존재합니다. 이런 작은 섬나라들은 투발루와 마찬가지로 국토의 해발 고도가 낮지요.

날짜 변경선이 지나는 곳에 자리 잡고 있어 지구상에서 가장 먼저 해가 뜨는 나라로 알려진 태평양의 섬나라 키리바시는 평균 해발 고도가 2m 안팎에 불과하고, 몰디브는 평균 해발 고도가 1.5m가량인데 가장 높은 해발 고도조차 3m를 넘지 않아요. 국토가 작은 데다 해발 고도가 낮은 이런 섬나라들은 해수면이 조금만 상승해도 국토의 많은 부분이 물에 잠길 수밖에 없어요. 이들 섬나라 국민은 지금도 조금씩 차오르는 바닷물을 보면서 삶터를 잃을지도 모른다는 두려움에 떨고 있습니다.

사막에 잠식당하는
사람들의 삶터

　기후 위기가 계속된다면 작은 섬 지역이나 해안 지대는 해수면 상승으로 인해 침수될 위험성이 큽니다. 그렇다면 바다와 멀리 떨어진 내륙 지역은 기후 위기로부터 안전할까요? 대홍수로 세상이 멸망했지만 내륙의 높은 산지로 대피한 사람들이 세상을 재창조했다는 구약 성서 속 노아의 방주 이야기를 보면 왠지 그럴 법도 합니다.

　물론 해수면 상승으로 인해 해안 지대와 섬이 침수되어도 내륙 지역까지 물에 잠길 가능성은 희박해 보입니다. 지구상에는 내륙 지역도 많이 있으니 섬이나 해안 지대가 침수되면 내륙으로 삶터를 옮기면 그만일까요?

　안타깝지만 그렇지 않습니다. 기후 위기는 내륙 지역까지도 황폐하게 만드니까요. 내륙 지역은 바다와 멀리 떨어진 데다 바다와의 사이에 험준한 산맥이 솟은 경우도 많다 보니, 대체로 기후가 건조한 편입니다. 그런 내륙 지역에서 기후 위기로 기온이 올라가면 어떤 일이 일어날까요? 따뜻해져서 살기 좋은 측면도 있을까요? 결론은 그 반대입니다.

내륙 지역은 애초에 비구름이 닿기 어려워 비가 적게 내리고 건조하지요. 내륙 지역 기온이 상승하면 올라간 기온 때문에 수분 증발은 더욱 빠르게 이루어지는데 그에 비해서 강수량이 증가하지는 않아요. 수분 증발이 이루어지면 구름이 생길 수도 있겠지만 그것이 비구름을 많이 만들 정도까지는 아닌 데다, 구름이 만들어지더라도 그중 상당수는 바람을 따라 다른 곳으로 흘러가니까요. 이렇게 되면 애초부터 건조한 기후가 더한층 건조해지면서 사막이 커지게 됩니다. 유목 생활을 할 수 있는 땅인 스텝 기후 지대의 초원이 사막으로 변하고, 나무가 자라고 농사를 지을 수 있는 땅은 스텝 지대로 변하게 되지요. 당연히 사람이 살 수 있는 땅은 그만큼 줄어들 수밖에 없어요.

아프리카와 중앙아시아에는 건조 기후가 나타나는 땅이 넓게 펼쳐져 있습니다. 중앙아시아는 바다와 멀리 떨어진 내륙 깊숙한 곳인 데다가 남쪽으로는 톈산산맥, 쿤룬산맥, 히말라야산맥과 같은 수많은 험준한 산맥까지 연이어 있어 구름이 잘 닿지 못하지요. 그러다 보니 고비 사막, 키질쿰 사막, 타클라마칸 사막과 같은 사막, 그리고 유럽과 아시아를 잇는 광대한 스텝이 나타납니다. 스텝은 러시아와 아시아의 중위

유목 생활을 할 수 있을 정도의 환경인 스텝과 사헬은 유목 생활조차 하기 힘든 사막으로 변한다. 이처럼 스텝과 사헬이 사막으로 변하고 사막의 넓이가 커지는 현상을 '사막화'라고 부른다. 사진 Pixabay ©ArtTower

아프리카 말리의 도곤 마을. 말리는 세계에서 가장 가난한 나라 중 하나인데, 사막화가 심하게 되어 간다. 사진 Pixabay ©Claudiovidri

도에 위치한 온대 초원 지대를 말해요. 건조한 계절에는 불모지, 강우 계절에는 푸른 들로 바뀌지요.

아프리카 사하라 사막의 남쪽 가장자리에는 사막보다는 덜 건조하지만 더 남쪽의 사바나보다는 건조한 사헬이라는 반건조 기후 지대가 펼쳐져 있어요. 스텝과 사헬은 사막보다는 덜 건조해서 초원이 펼쳐지기 때문에 예로부터 유목민이 가축을 몰고 다니며 살아온 땅이기도 합니다.

그런데 기후 위기가 계속된다면 스텝과 사헬에서는 어떤 일이 일어날까요? 기온이 올라가면 수분의 증발이 더 활발하게 일어나게 됩니다. 내륙 깊숙한 곳에 있거나 거대한 사막에 가로막혀 비구름이 많이 닿기 어려운 이런 곳에서 수분 증발이 활발해지면 당연히 더 건조해집니다. 가뜩이나 비가 적게 내리는 환경인데 예전보다 더 많은 수분이 증발해 사라지면서 건조한 기후가 더 건조해지는 거죠. 이런 일이 계속되면 건조하지만 그래도 유목 생활을 할 수 있을 정도의 환경인 스텝과 사헬은 유목 생활조차 하기 힘든 사막으로 변해 버립니다. 이처럼 스텝과 사헬이 사막으로 변하고 사막의 넓이가 커지는 현상을 '사막화'라고 부릅니다.

아프리카와 중앙아시아는 사막화로 인해 극심한 피해를

겪고 있어요. 아프리카는 이미 1980~90년대에 대륙 전체의 3분의 2가 사막이나 사헬과 같은 건조 지역이 되었고, 매년 36000km²가 넘는 땅이 사막으로 변해 갑니다.

사막화가 걷잡을 수 없이 계속된다면, 21세기 말에는 심지어 알람브라 궁전으로 유명한 에스파냐 남부까지도 사막으로 변하게 된다는 예측이 나오고 있어요.

중앙아시아도 예외가 아닙니다. 중앙아시아의 사막화 실상을 분석한 국제 연구에 따르면, 1992년부터 2008년에 이르는 기간 동안 중앙아시아의 14%에 가까운 땅이 심각한 사막화의 위기에 빠졌다고 해요. 특히 이 같은 사막화의 위기는 카스피해 등의 큰 호수나 하천과 멀리 떨어진 동부 지역에 집중되었다고 합니다.

눈앞의 이익만 좇은 인간의 무분별한 환경 파괴는 이들 지역의 사막화를 더한층 부채질하고 있어요. 대표적인 사례가 아랄해입니다. 지구상에는 스텝이나 사막과 같은 건조 기후 지역을 통과해 흐르는 하천도 많아요. 이집트의 나일강, 메소포타미아 문명의 젖줄이었던 유프라테스강과 티그리스강이 대표적이지요. 하천을 흐르는 물의 양, 즉 유량이 매우 많으면 건조 기후 지역에서도 하천이 말라붙지 않고 흐르기 때문에 가능한 일입니다.

건조한 중앙아시아 땅에도 수많은 오아시스와 더불어 여러 하천이 흐르고, 그중에서도 우즈베키스탄 일대를 따라 흐르는 아무다리야강과 시르다리야강은 중앙아시아의 문명 발전에 큰 기여를 해 온 중앙아시아를 대표하는 하천입니다. 이 두 하천이 흘러 들어가는 호수 아랄해는 세계에서 네 번째로 큰 호수였고, 물고기가 풍부해 고기잡이도 활발하게 이루어졌지요.

그런데 1960년대부터 소련이 목화 재배를 위해 아무다리야강과 시르다리야강에 댐과 관개 수로를 설치하면서, 아랄해로 흘러가는 물이 급속히 줄어들었어요. 여기에 더해 인위적인 기후 변화 때문에 원래 건조한 중앙아시아 기온이 더 올라가면서 가뭄까지 심해졌지요. 가뜩이나 흘러드는 물은 줄어드는데 호수의 물이 증발하는 속도까지 빨라지면서 아랄해는 빠른 속도로 말라붙기 시작했어요.

2010년 무렵 아랄해의 면적은 원래 호수 면적의 10% 수준으로 쪼그라들었습니다. 물이 말라붙은 호수의 바닥은 아랄쿰 사막이라고 불리는 황폐하고 건조한 땅으로 변해 버렸지요.

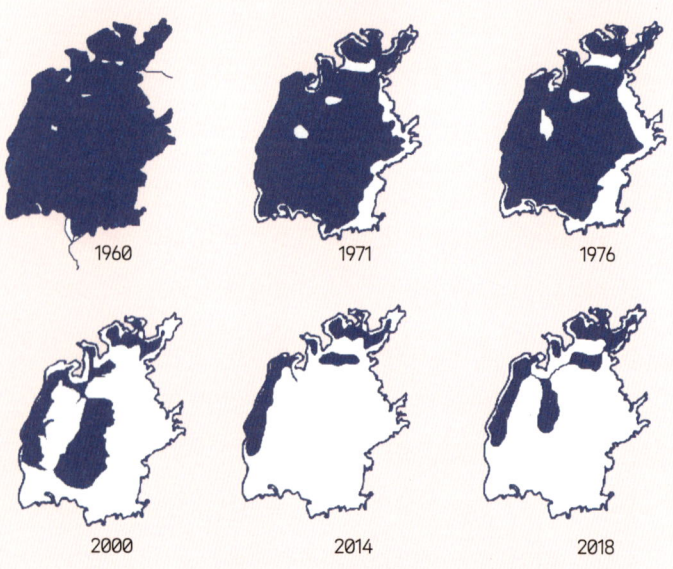

아랄해 수역의 변화 과정. 출처: The zoocenosis of the Aral Sea: Six decades of fast-paced change. *Environmental Science and Pollution Research*, 26, p. 2229.

국제 사회는 빠른 속도로 말라붙어 가는 아랄해를 되살리기 위해 막대한 노력을 해 왔어요. 2010년대 후반에 접어들어 아랄해의 수역이 줄어드는 속도가 눈에 띄게 감소했죠. 심지어 일부 말라붙은 구역에 물이 다시 차는 일도 일어났어요. 하지만 이를 두고 아랄해가 살아났다고 기뻐하기에는 아직 이릅니다. 아랄해가 제대로 되살아난다고 보기에는 물의 양도 너무 적고, 물이 차는 속도도 너무나 느리기 때문이죠.

주변국들이 여전히 아무다리야강과 시르다리야강의 물을 농업용수나 공업용수, 수력 발전 등을 위해 관개 수로로 퍼 가고 있어요. 강의 상류에 댐을 건설하는 일도 계속하고 있으니 아랄해로 유입되는 물이 늘기가 어려워요. 게다가 기후 위기로 가뜩이나 적은 강수량까지 줄어드니 결국 아랄해가 가까운 시일 내에 되살아나는 것은 현실적으로 무척이나 어려운 일입니다.

안타깝게도 건조 지역의 젖줄과도 같은 큰 호수가 말라 가는 일은 세계 여러 곳에서 나타나고 있어요. 아랄해보다 서쪽에 있는 세계에서 가장 큰 호수인 카스피해, 그리고 아프리카 내륙의 차드호도 아랄해만큼 말라 가는 속도가 빠르지 않을 뿐이지 그 면적이 계속해서 줄어들고 있어요. 그 원인

아랄해가 말라붙어 형성된 아랄쿰 사막에 녹슨 채 버려져 있는 배. 사진 shutterstock ©
Alexandre.ROSA

에는 호수로 유입되는 물의 양을 줄이는 기후 변화가 자리 잡고 있지요.

기후 변화가 계속된다면 사헬이나 스텝과 같은 비교적 건조한 지역은 물론, 카스피해나 아랄해처럼 바다라는 명칭이 붙을 정도로 많은 물이 넘실거리던 큰 호수조차도 사막으로 말라 가는 일이 생기게 됩니다.

자연재해로 발생하는
식량 위기

인류 역사를 보면 자연적으로 일어나는 기후 변화도 농작물의 생육과 이상 기후, 자연재해의 발생에 영향을 주어 농업 생산성에 변화를 일으켰어요. 대체로 기온이 떨어지면 농사짓기에 불리한 환경이 만들어지고 이상 기후와 자연재해까지 잦아지면서 사람들의 삶도 피폐해졌지요. 고대 로마와 한나라는 따듯해진 기후 덕분에 농사가 잘되어 부강해진 대제국이 되었고, 기후가 한랭해지면서 국력이 쇠약해진 끝에 결국 멸망하고 말았습니다.

그렇다면 오늘날은 어떨까요? 로마나 한나라 시대와는 비교할 수 없을 정도로 문명과 과학 기술이 발달했으니 크게 걱정할 필요가 없을까요? 오늘날에는 농업보다는 첨단 산업이 경제와 사회의 중심을 이루고 있으니 마음 푹 놓아도 될까요?

사실은 그렇지 않습니다. 아무리 과학 기술이 발달했다고 하더라도 이상 기후나 자연재해를 완전히 막아 내거나 피해 갈 수는 없어요. 2005년 여름에 미국 남부를 강타한 초대형 허리케인 카트리나나 2011년 봄에 일본 북동부 해안 지대를 덮친 초대형 쓰나미는 세계적인 강국인 미국과 일본도 속수무책으로 큰 피해를 보게 만들었지요.

대형 산불도 마찬가지입니다. 미국 캘리포니아주는 2000년대 이후 초대형 산불이 여러 번 일어나 수많은 사람이 생명과 재산을 잃었어요. 2019년 호주 남동부에서 일어난 대형 산불은 호주 전체 삼림 면적의 15%에 이르는 숲과 6천 채에 가까운 건물을 불태웠어요. 400명이 넘는 사람과 5억 마리에 가까운 야생 동물의 목숨을 앗아 간 채 이듬해 2월에야 진화되었지요. 우리나라에서도 2019년 강원도, 2025년 경상남북도에서 일어난 대규모 산불 때문에 막대한 인명과 재산상의 피해가 발생했고, 문화재까지 소실되는 안타까운 일이 있었습니다.

기후 위기가 심각해질수록 이러한 이상 기후가 발생할 가능성도 커집니다. 대기와 물의 순환이 기존과는 다른 '이상한' 방식으로 이루어지는 데 따른 결과이지요. 산불이나 허리케인, 폭우와 같은 자연재해의 발생 빈도와 피해 규모는 21세기 들어 계속 증가하고 있어요. 기후 위기가 지속된다면 그 빈도와 규모도 기하급수적으로 커지리라고 예측됩니다.

세계 곳곳에서 대형 산불이 일어나고 있다. 2019년 호주 남동부에서 일어난 대형 산불은 수많은 야생 동물의 목숨을 앗아 갔다. 사진 shutterstock ⓒAndrea Izzotti(위), Pixabay ⓒjlujuro(아래)

그 원인에는 기후 위기에 따른 대기와 물의 순환 체제의 급변이 중요하게 자리 잡고 있어요.

기후 위기, 그리고 이에 따른 이상 기후와 자연재해가 계속된다면 농업에도 큰 타격이 가해질 수밖에 없어요. 기온이 자연스러운 기후 변화의 수준을 넘어설 정도로 상승하면 농작물의 생태에 큰 타격을 줍니다. 전근대에는 기후가 온난해지면 농사도 잘된다고 했지요? 그것은 자연스러운 기후 변화의 범위 내에서 일어난 온난화였기 때문입니다. 기온이 그 정도를 넘어설 만큼 올라가면 식물도 제대로 자라기 어려워요. 마치 지나친 더위에는 사람도 동물도 살기 힘들어지는 것과 같지요.

몇 년 전 여름날 수박을 사러 갔다가 너무 비싼 가격 때문에 결국 포기하고 SNS에 그 얘기를 올렸죠. 농업인인 지인이 여름치고도 지나치게 더운 날씨가 이어져 전국적으로 수박 농사를 망치는 바람에 수박값이 폭등했다는 댓글을 달았어요. 여름 날씨가 지나치게 더우면 대표적인 여름 과일인 수박도 견디지 못하는 법이지요. 안타깝게도 2010년대에 들어서 기후 위기 때문에 1980년에 비해 세계 옥수수 생산량이 3.8%, 밀 생산량이 5.5% 감소했다는 연구 결과도 있습니다.

기후 위기로 농경지와 목축지가 줄어들면 그만큼 식량 생산도 줄어들 수밖에 없어요. 유목이 이루어지던 사헬이나 스텝이 사막으로 변하면 유목은 불가능해집니다. 가축을 기를 수 없게 되니 당연히 식량 생산도 어려워지지요. 사막화가 심해지면 사헬, 스텝과 같은 비교적 건조한 지역은 물론, 정상적으로 농업과 축산업이 이루어지던 땅조차도 식량을 생산할 수 없는 황무지로 변해 버립니다. 해수면이 상승하고 자연재해까지 잦아지면 농업, 축산업, 그리고 수산업도 더욱 큰 피해를 보게 되지요.

그 대표적인 사례가 베트남의 메콩강 삼각주예요. 이곳은 세계 쌀 생산량의 20%를 차지하는 세계적인 곡창 지대이지요. 메콩강에서 민물고기 양식도 활발히 이루어집니다. 그런데 해수면이 상승하는 데다 자연재해까지 빈발하면서 논이나 양식장이 물에 잠겨 못쓰게 되는 일이 종종 일어나고 있어요. 100년 뒤에는 이 지역이 아예 사라질 수 있다는 경고도 나왔습니다.

인공 지능과 같은 첨단 기술이 인류의 삶과 세계 경제를 주도하고 있는 오늘날의 시각에서 보면, 농수산업이 쇠퇴해 본들 현대 문명에 얼마나 큰 타격이 있겠나 하는 생각을 할

사막화는 농경지를 사막으로 바꾸어 농업 생산에 큰 타격을 준다. 사진 Pixabay ⓒjpeter2

수도 있지요. 실제로 오늘날 세계 경제에서 농수산업이 차지하는 비중은 작은 편입니다. 하지만 사람이 돈이나 인공 지능, 각종 첨단 기술을 먹으며 살아갈 수는 없는 법입니다. 식량이 없으면 사람은 생존할 수 없지요.

세계 각국은 식량 확보, 그리고 식량을 생산하는 농수산업의 보호와 발전에 큰 노력을 기울이고 있어요. 환경보다도 눈앞의 돈이 더 좋아서, 아니면 첨단 기술만 믿고 기후 위기 대처를 소홀히 한다면, 사람들이 안전하게 살아갈 수 있는 삶터가 대폭 사라질 것입니다. 그뿐 아니라 수많은 인류가 굶주림에 시달리며 죽어 가는 끔찍한 비극이 일어날 수 있습니다.

세계 각국은 식량 확보, 식량을 생산하는 농수산업의 보호에 큰 노력을 기울이고 있다. 사진 Pixabay ⓒCouleur(위), ⓒEngin-Akyurt(가운데), ⓒVijayanarasimha(아래)

기후 변화에 취약한 지역 사람들은

해수면 상승, 가뭄이나 홍수, 사막화, 지진 등으로

살던 곳에서 떠나고 있다.

2019년, 아프가니스탄 헤라트 외곽에 있는 실향민 캠프.
아프가니스탄 서부 지역은 가뭄으로 큰 타격을 입었다. 사진 shutterstock ⓒsolmaz daryani

4장

기후 위기, 먼 나라의 이야기가 아니다!

'사계절이 뚜렷한 나라'는
옛이야기?

우리나라를 사계절이 뚜렷한 나라라고 합니다. 사계절이 뚜렷하여 다양한 풍경과 경치를 즐길 수 있는 점이 자랑거리라고 이야기하지요. 하지만 최근 들어 계절의 변화가 상식을 넘어서는 방향으로 이루어지고 있어요.

2024년에는 9월 말까지 낮 기온이 30℃를 오르내리는 한여름 날씨가 이어졌고, 추석날에도 찜통더위가 기승을 부렸지요. 추석(秋夕)의 가을 추(秋) 자를 여름 하(夏) 자로 바꿔 하석(夏夕)으로 불러야 한다는 농담이 나올 정도였어요. 2025년에는 3월 말까지 늦겨울 같은 추위가 이어지더니, 심지어 4월 중순에 해발 고도가 낮은 중부 지방에 눈이 내리기까지 했고요.

다른 기후 현상이 그렇듯이 계절의 변화 역시 태양 에너지와 대기, 물의 순환에 따른 결과물입니다. 예를 들어 우리나라의 겨울은 무척이나 추운데 이는 유라시아 대륙의 차갑고 건조한 공기 덩어리인 시베리아 기단이 한반도까지 불어닥치는 데 따른 영향이지요. 시베리아 기단은 겨울에만 한반

유채꽃이 활짝 핀 제주의 봄. 사진 Pixabay ⓒ김경복

가을 단풍이 물든 경복궁 향원정. 사진 Pixabay ⓒhuongnguyen

도에 영향을 미치며, 여름에는 고온 다습한 북태평양 기단이 한반도에 영향을 미쳐 무더운 날씨가 이어집니다. 장마철에는 한반도 북쪽의 차고 습한 오호츠크해 기단이 남쪽으로 내려와 북태평양 기단과 충돌하면서 한반도에 많은 양의 장맛비를 내리게 하지요.

그런데 인위적인 기후 변화로 대기와 물의 흐름이 바뀌면 이 같은 기단의 움직임도 변하게 됩니다. 기단이 거대한 공기 덩어리니 생각해 보면 당연한 일이지요. 한반도의 기온과 바다의 수온 상승도 계절의 변화에 영향을 미칩니다. 기온과 수온이 올라가면 그만큼 날씨에 영향을 미치고, 이러한 현상이 이어지면 결국 계절에도 변화가 올 수밖에 없어요.

사실 한반도는 2022년을 기준으로 지난 30년 동안 평균 기온이 1.2℃ 상승했는데, 이는 세계 평균치의 1.5배에 달하는 상승 폭입니다. 바다 역시 마찬가지예요. 한반도 주변 바다의 평균 수온은 지난 50년 동안 1.4℃ 상승했고, 이는 세계 평균보다 2.5배 높은 수치입니다. 지구 전체의 기온과 대기, 물 순환도 자연스러운 수준을 넘어설 정도로 바뀌는데, 한반도의 기온과 수온까지 세계 평균 이상으로 빠르게 변하니 뚜렷했던 사계절이 이상해지는 것도 당연하지요.

2024년의 길고 무더웠던 여름은 그 속도가 세계 평균치의 두 배가 넘는 한반도 주변 바다의 수온 상승과 관계있다고 합니다. 이상할 정도로 추웠고 그 추위가 오래갔던 2025년 늦겨울과 초봄 날씨도 기후 변화와 관계있어요. 지구 온난화로 북극 기온이 무려 20℃나 오르는 바람에 북극에 갇혀 있어야 할 찬 공기가 남쪽으로 내려와 한반도에 추위를 몰고 온 결과라고 하지요.

지구 기후가 자연스러운 수준을 넘어설 정도로 변하는 데다 한반도의 기후 변화 속도가 세계 평균치를 크게 넘어서니 겨울과 여름이 터무니없이 길어지는 거예요. 게다가 그 추위와 무더위까지도 더욱 극심해지면서 봄과 가을은 줄어드는 결과가 나오는 거지요.

아름다운 봄꽃과 가을 단풍을 즐기기 어려워지는 현실은 얼마나 슬픈가요? 길어진 여름과 겨울은 냉난방도 더 많이 하게 만드니 결국 온실가스 배출도 증가해 기후 위기를 심화시키게 돼요. 이는 계절의 극단적인 변화를 악화하는 악순환으로 이어질 것입니다. 봄에는 농작물의 씨를 뿌리고 가을에는 추수해야 하는데 계절이 바뀌면 농업도 엉망진창이 될 수 있어요.

2025년 봄에는 짧아진 봄과 길어진 겨울, 여름 때문에 봄옷의 판매량이 크게 줄고, 에어컨 판매량이 눈에 띄게 증가했다는 이야기가 언론 지면을 장식했지요. 이미 현실로 다가온 기후 위기에 대해 계절이 우리에게 보내는 경고인 듯합니다.

명태 없는 명태 축제,
'금징어'가 된 오징어

한국인에게 명태라는 생선은 어떤 의미가 있을까요? 한국인이 가장 즐겨 먹는 생선, 한국인의 밥상을 책임지는 중요한 먹거리라고 해도 과언이 아닐 거예요. 한국인은 맛이 담백하고 특히 시원한 국물 맛을 내주는 명태를 다양한 방식으로 가공하거나 요리해 먹었어요. 싱싱한 명태(생태) 또는 보관하기 좋도록 얼린 명태(동태)를 국으로 끓여 먹기도 하고, 말린 명태인 북어를 양념에 무쳐 반찬으로 먹거나 북엇국을 끓여 먹기도 하지요. 명태 살에 밀가루와 달걀을 입혀 전을 부치는가 하면, 잡곡밥과 명태 살을 양념과 버무려서 항아리에 넣어 발효시킨 명태식해라는 음식도 있답니다.

강원도는 명태의 명산지로 이름이 높아요. 동해안에서는 명태잡이가 성행했고, 바다에서 떨어진 태백산맥 일대에서는 동해에서 잡은 명태를 말려 북어로 만드는 일이 활발히 이루어졌지요. 해발 고도가 높고 겨울 날씨가 추운 강원도 태백산맥 일대에서 만든 북어는 말리는 과정에서 얼었다가 녹기를 반복하여 황태라 불리는 고급 북어가 됩니다.

강원도 고성군에서는 특산물인 명태에 통일의 염원을 담아 매년 10월 통일 명태 축제를 개최한다.
출처: 강원고성군청 홈페이지

북한과도 가까운 강원도 고성군에서는 특산물인 명태에 통일의 염원까지 담아 1999년부터 통일 명태 축제를 개최해 오고 있어요. 지난 2023년과 2024년에 열린 통일 명태 축제에는 각각 10만 명 전후의 관광객이 다녀갔다고 하니, 강원도의 이름 높은 축제로 자리매김한 듯합니다.

하지만 안타깝게도 통일 명태 축제에서 즐길 수 있는 명태 요리는 모두 수입품 명태로 만든 것입니다. 통일 명태 축제만 그런 게 아니라 오늘날 한국인의 밥상에 오르는 명태 요리는 모두 외국산이고, 그 대부분은 러시아에서 수입해 옵니다. 명태는 분명 국민 생선인데 어째서 동해에서 잡힌 명태를 우리 밥상에서 찾을 수 없을까요?

동해안에서 명태가 사라진 이유는 기후 위기와 관계있습니다. 명태는 대표적인 한류성 물고기이고, 알래스카나 러시아 등지의 차가운 바다에 주로 서식합니다. 그런 명태가 한류인 리만 해류를 따라 강원도 일대까지 내려온 것이지요. 강원도 고성군이 과거 우리나라에서 명태가 가장 많이 잡혔던 까닭도 제일 북쪽에 자리 잡은 지리적 조건에서 찾을 수 있어요. 그런데 인위적인 기후 변화로 동해의 수온이 상승하니 한류성 물고기, 즉 수온이 낮은 바다에서 살아가는 물고

기인 명태가 동해에서 자취를 감출 수밖에 없지요.

최근에는 한국인이 즐겨 먹는 또 다른 대중적인 수산물인 오징어 가격까지 오르면서 '금징어'라는 신조어까지 유행하고 있어요. 불과 몇 년 전까지만 해도 낙지가 오징어보다 확실히 비쌌는데, 요즘은 오징어 가격이 낙지 가격과 거의 같을 정도더군요. 명태가 대표적인 한류성 어종이라면, 오징어는 한류와 난류가 만나는 조경 수역을 좋아하는 어종이에요. 그래서 오징어는 한류와 난류가 만나는 강원도 앞바다, 울릉도 등지에서 많이 잡힌답니다. 울릉도의 마른오징어는 울릉도 여행을 다녀온 사람들이 선물로 꼭 사 오는 명물이기도 했고요.

그런데 기후 변화로 동해의 수온이 상승하니 동해의 조경 수역 역시 북쪽으로 올라가면서 동해에서 잡히는 오징어가 크게 줄어들었어요. 오징어는 명태보다는 상대적으로 수온이 높은 바다에서 살기 때문에, 명태와 달리 아직 동해에서 자취를 감추지는 않았지요. 하지만 기후 변화 때문에 오징어 어획량 역시 예전에 비해 크게 줄었어요. 앞으로 동해의 수온이 계속해서 올라간다면 오징어 역시 명태처럼 외국에서 모두 수입해 와야 할지도 모릅니다.

울릉도는 화산섬으로 바다 기슭은 대부분 절벽으로 이루어져 있다. 사진 Pixabay ⓒJimikimkorea

울릉도 마른오징어는 울릉도 여행을 다녀온 사람들이 선물로 꼭 사 오는 명물이었다. 출처: 한국교육방송공사

인천 공항도
물에 잠긴다고?

해수면 상승 때문에 고통받고 있는 투발루나 키리바시 같은 섬나라의 비극은 머나먼 남의 나라 이야기일까요? 사실 우리나라도 지난 40년 동안 10cm 정도의 해수면 상승이 이루어졌다고 해요. 우리나라가 태평양이나 인도양의 작은 섬나라와 비교했을 때 면적이 훨씬 넓고 해발 고도도 높아서 상대적으로 실감이 덜 날 뿐이지, 한반도 주변의 해수면은 이미 적잖이 상승해 왔어요.

안타깝게도 한반도의 해안 지대는 상승하는 해수면으로 인해 잠겨 갑니다. 지금도 해안의 백사장은 상승한 해수면 때문에 바닷물에 휩쓸려 가고, 무너져 내리고 있지요. 이러한 현상을 해안 침식이라고 부릅니다. 해안 침식은 왜 일어날까요? 한반도는 아주 오래전부터 삼면이 바다로 둘러싸인 반도 지형이었을 텐데, 어째서 요즘 들어 해안 침식이 문제가 될까요? 바로 지구 온난화로 인한 해수면 상승 때문입니다.

해수면에 별다른 변화가 없다면 바닷가로 몰려오는 파도, 즉 파랑도 일정한 정도를 유지합니다. 바닷가의 모래가 파랑에 휩쓸려 가도 그만큼 자연스럽게 모래가 채워지지요. 이런 경우에는 해안 침식이 일어날 가능성이 매우 낮아요. 그런데 해수면이 상승하면 문제는 달라집니다.

지구 온난화의 문제는 그저 극지의 얼음을 녹이는 정도에 그치지 않아요. 설탕이나 소금, 가루로 된 차 등은 찬물보다 따뜻한 물에 잘 녹지요? 왜 그럴까요? 수온이 높아질수록 물 분자의 활동이 활발해지기 때문이랍니다. 그렇게 물 분자가 활발해진다는 말은 물의 부피 또한 조금씩 커진다는 말이지요. 한마디로 지구 온난화는 바닷물 자체의 부피도 늘려, 극지방의 얼음이 녹지 않더라도 해수면 자체를 상승하게 만듭니다.

이처럼 지구 온난화로 해수면 상승이 계속되면 될수록 바닷가로 밀려오는 물의 양이 많아지고 파랑도 그만큼 거세집니다. 당연히 바다로 휩쓸려 가는 모래와 토양의 양도 많아지겠지요? 하지만 채워지는 모래나 토양의 양이 함께 증가하지는 않습니다. 쓸려 가는 모래와 토양의 양이 채워지는 양보다 많아지면, 당연히 해안 지대가 파랑에 깎여 나가면서 해안 침식이 이루어지지요.

해안 침식은 우리나라 해안 곳곳에서 일어나고 있어요. 모

강원도 강릉시 강동면 해안. 해안 침식으로 인해 원래 나무가 심겨 있던 곳이 침식되고, 그곳에 서 있던 나무들이 쓰러져 있다. 사진 ©최광희(가톨릭관동대 지리교육과 교수)

래사장의 넓이가 줄어들고 해수욕하기 힘들어지는 정도를 넘어, 해안가에 세운 도로나 건물이 무너질 정도로 심각하지요. 지방 자치 단체에서는 해안 침식에 대처하기 위해 막대한 양의 모래를 해안에 쏟아붓거나, 파랑의 힘을 줄이기 위해 해안 주변의 바다 밑에 제방을 설치하는 등 여러 대책을 마련하고 있어요. 하지만 이런 작업은 해안 침식을 일정 부분 늦출 수는 있어도 완벽하게 막아 내는 데는 한계가 뚜렷합니다.

우리나라의 해수면 상승과 바닷물의 수온 상승이 세계 평균을 훨씬 웃도는 속도로 일어나고 있다고 했지요? 이런 추세가 계속된다면 해안 침식보다 훨씬 심각한 해안 지대의 침수까지 일어날 수 있어요. 기후 변화로 한반도의 해안 지대가 가까운 미래에 수몰되리라는 연구는 이미 여러 차례 나온바 있습니다. 2012년에 나온 예측에 따르면, 2100년이 되면 한반도의 4% 정도가 바닷속으로 가라앉고, 이 때문에 수십조 원이 넘는 경제적 손실이 발생할 거라고 합니다.

최근에는 그보다도 훨씬 비관적인 전망까지 나왔어요. 2020년 환경 단체 그린피스가 컴퓨터 시뮬레이션을 통해 예측한 결과에 따르면, 빠르면 2030년에 한반도 면적의 5% 정도가 침수 피해를 당하는데, 인천 공항도 포함된다고 합니다. 300만 명이 넘는 사람들이 삶터를 잃고 이재민으로 전락할 수도 있다고 해요. 더 심각한 문제는 해안 지대에는 인천 공항뿐만 아니라 대규모 항만 시설과 대도시, 산업 시설이 밀집해 있다는 거예요. 기후 변화에 대한 실효성 있는 대책이 하루빨리 마련되지 못한다면 환경은 물론 경제에도 돌이킬 수 없는 치명타가 가해질 수밖에 없습니다.

5장

기후 위기의 불평등

아직도 끝나지 않은
식민지 피해

지구상에서 기후 위기의 피해를 가장 크게 받는 곳은 어디일까요? 기준에 따라 다양하게 판단할 수 있겠지만, 적도 주변의 저위도 지대는 특히 취약한 지역이에요. 저위도 지대는 중위도나 고위도와 비교하면 태양 에너지를 더 많이 받아요. 기후 위기가 가속화될수록 기온과 바닷물의 수온도 다른 지역에 비해 빠르게 상승하고, 이에 따라 이상 기후 현상도 더 많이 발생하지요. 아프리카에서 사막화가 진행되어 사하라 사막의 면적이 눈에 띄게 커지는 이유도 바로 이 때문입니다.

그렇다면 저위도 지대가 유달리 온실가스를 많이 배출해서 기후 위기의 피해를 크게 받을까요? 전혀 그렇지 않아요. 애초에 인위적인 기후 변화가 시작된 계기는 유럽 열강과 미국에서 일어난 산업 혁명이었지요. 그들은 막대한 양의 화석연료를 사용해 경제력과 군사력을 급속히 키우며 비서구 세계 대부분을 식민지로 삼았어요. 이때부터 온실가스 배출량이 엄청나게 늘어나면서 인위적인 기후 변화가 이루어지기시작했어요. 식민지가 된 비서구 세계는 식량과 자원을 수탈

당했죠. 그렇게 수탈해 간 자원은 식민지 본국으로 흘러들어가 온실가스 배출량이 더한층 증가하는 결과로 이어집니다.

기후 위기의 원인이 된 인위적인 기후 변화는 오늘날 세계의 불평등에 직접적인 원인을 제공한 제국주의와 밀접한 관계인 셈입니다. 제국주의 열강이 더 많은 부와 식민지, 패권을 쟁탈하기 위해 막대한 화석 연료를 사용한 결과가 인위적인 기후 변화의 시작이었지요. 제국주의 열강이 식민지에서 자원을 착취해 공업 생산에 열을 올리면 올릴수록 온실가스 배출량도 증가했어요. 그와 동시에 식민지 착취도 더욱더 심해지는 악순환이 이루어졌지요.

식민지에서 대대적으로 이루어진 식량과 자원의 착취는 환경 파괴까지 불러와 식민지를 기후 위기에 더욱 취약한 땅으로 만들었어요. 대표적인 사례가 플랜테이션입니다. 플랜테이션은 주로 열대 또는 아열대 지역에서, 현지인의 값싼 노동력을 이용하여 커피나 카카오, 사탕수수 같은 상품 작물을 대량으로 생산하는 경영 형태를 뜻합니다. 제국주의 열강은 식민지 주민의 노동력을 착취해 농장을 운영하여 막대한 이윤을 남겼어요. 그런데 이러한 현실이 지금도 크게 다르지 않아요. 식민지에서 독립한 뒤에도 독재 정권이나 부패한 기

커피나무. 사진 Pixabay ©mciriacot

제국주의 열강은 식민지 주민들의 노동력을 착취해 막대한 이윤을 남겼다. 식민지에서 독립한 이후에도 독재 정권이나 부패한 군인들이 가난한 국민을 착취하고 있다. 사탕수수. 사진 Pixabay © Herney

업, 군인 등이 가난한 국민을 착취해 그들의 욕심만 채우니까요.

플랜테이션 농업은 넓은 삼림을 없애고 그 자리에 대규모 농장을 만드는 방식으로 이루어지니 환경에 악영향을 미칩니다. 야생의 삼림과 생태계를 파괴하는 데다 농작물은 야생 식물보다 에너지 소모량이 월등히 크기 때문이지요. 땅을 개간하는 일, 농작물에 줄 비료와 농약을 생산하는 일, 그리고 농작물을 수확하고 운송하는 일에도 많은 양의 온실가스가 배출됩니다.

오늘날에도 온실가스 배출은 강대국에서 주로 일어납니다. 세계 온실가스의 절반 이상이 중국과 미국에서 배출되며, 세계 최대의 인구 대국 인도와 러시아가 그 뒤를 잇고 있어요. 서유럽의 경우 20세기 후반부터 환경에 대한 규제가 강화되고 친환경 산업이 발달하면서 온실가스 배출량이 상대적으로 줄기는 했지만, 여전히 그 배출량을 무시하기 어렵지요. 경제 규모가 작고 산업도 발달하지 못한 저위도의 개발 도상국에서는 그만큼 온실가스 배출도 적게 이루어질 수밖에 없습니다.

기후 위기의 피해를 가장 심각하게 받는 저위도 지역은 경

Greenhouse gas emissions, 2022

Greenhouse gas emissions include carbon dioxide, methane and nitrous oxide from all sources, including land-use change. They are measured in tonnes of carbon dioxide-equivalents over a 100-year timescale.

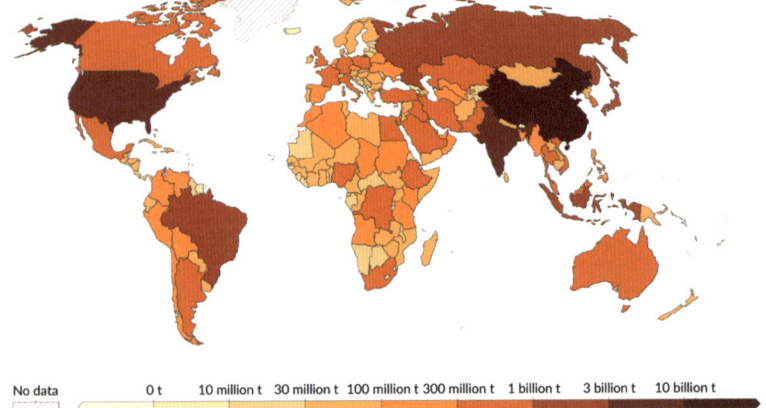

| No data | 0 t | 10 million t | 30 million t | 100 million t | 300 million t | 1 billion t | 3 billion t | 10 billion t |

Data source: Jones et al. (2024)
Note: Land-use change emissions can be negative.

OurWorldinData.org/co2-and-greenhouse-gas-emissions | CC BY

국가별 온실가스 배출량. 출처: 위키미디어 커먼스 ⓒOur World in Data

제력이나 기술 수준이 빈약하다 보니, 이상 기후나 자연재해에 대처하는 데도 더 많은 어려움을 겪어요. 이 같은 기후 위기의 피해는 가뜩이나 취약한 경제 기반을 잠식할 위험성을 더한층 키우지요. 이들 국가의 경제 구조는 천연자원이나 농작물 등 원자재에 의존하고 있고, 선진국이 기술을 독점하면서 자연환경이 파괴되고 결과적으로 기후 위기에 더 취약해집니다.

산업 혁명은 인류의 삶을 이전과는 비교하기 어려울 정도로 풍요롭게 만들었지만, 제국주의 열강의 식민지 쟁탈전을 불러와 세계의 불평등 역시 크게 키웠습니다. 온실가스 배출량이 대폭 증가하면서 인위적인 기후 변화가 시작된 것 역시 산업 혁명이 인류에게 가져다준 또 다른 심각한 부작용이지요. 제국주의 세계 질서가 막을 내린 지 60~70년이 지났지만 선진국과 개발 도상국 사이의 경제 격차와 이에 따른 불평등은 지금도 계속되고 있어요.

빠르게 파괴되는
아마존 열대 우림

지구상에 존재하는 열대 우림의 절반 가까운 면적을 차지하는 아마존 열대 우림은 지구 산소의 20% 정도를 생산하는 곳이기도 합니다. 그 때문에 아마존 열대 우림은 '지구의 허파'라 불리지요. 이 거대한 열대 우림에서는 광합성 작용을 통해 많은 양의 이산화 탄소를 흡수합니다. 이산화 탄소는 대표적인 온실가스이니 기후 위기 시대에 아마존 열대 우림이 얼마나 중요한가는 굳이 설명할 필요도 없겠지요.

그뿐만이 아닙니다. 아마존 열대 우림에 서식하는 300만 종이 넘는 생물은 지구상에 존재하는 동식물 전체의 10%에 달할 정도입니다. 아마존 열대 우림은 생태계와 생물 다양성의 보고라고 할 수 있지요.

이런 아마존 열대 우림이 무시무시할 정도로 빠르게 파괴되고 있어요. 2024년 브라질 연구팀이 발표한 바에 따르면, 아마존 열대 우림은 이미 난개발 등 인위적인 요인 때문에 17%가 파괴되었다고 해요. 강수량의 변화, 인위적인 삼림 파괴 등이 겹치며 2050년에는 50% 정도까지 파괴될 수 있다고 합니다. 이러한 예측이 현실에 옮겨진다면 가뜩이나 심각한 기후 위기는 걷잡을 수 없이 악화될 것이고, 지구 생태계에도 치명타가 가해질 수밖에 없겠지요.

아마존 열대 우림이 지구 생태계에서 차지하는 지대한 중요성에도 불구하고, 이곳에서는 화전민, 기업체, 심지어 정부 기구까지 나서서 열대 우림을 파괴하고 있어요. '삶'과 '경제 개발'이라는 이유 때문이지요. 아마존 열대 우림의 파괴는 빈곤 때문에 어쩔 수 없이 화전에 내몰리는 가난한 농민뿐만 아니라 천연자원 채취, 플랜테이션 농업 등을 하려는 기업체에 의해서도 자행되고 있습니다.

심지어 브라질의 자이르 보우소나루 전 대통령은 2019년 1월 취임 직후부터 '브라질 경제의 재건'에 힘쓴다는 구실로 대대적인 아마존 개발을 강행했어요. 이 과정에서 열대 우림에서 살아가던 수많은 원주민이 삶터를 잃었고, 심지어 기업체나 공권력이 행사한 폭력에 목숨을 잃은 원주민도 있었습니다. 인권 단체와 환경 단체가 보우소나루를 몇 번이나 국제 형사 재판소에 고발할 정도였지요.

그러나 대통령이라는 권력자인 데다 국내외 기업체들과 결탁하기까지 한 그를 국제 형사 재판소 고발 정도로는 막을

광물 자원이나 임업 자원 개발을 위한 무분별한 벌채가 계속되고 있다. 사진 Pixabay ©Pic_Panther

극심하게 훼손된 아마존 열대 우림. 브라질의 자이르 보우소나루 전 대통령은 '브라질 경제의 재건'
에 힘쓴다는 구실로 대대적인 아마존 개발을 강행했다. 사진 shutterstock ©PARALAXIS

수 없었어요. 심지어 그는 환경 파괴와 인권 유린을 비난하는 국제 사회의 목소리를 되레 '주권 침해', 나아가 브라질의 자원과 부를 빼앗으려는 '식민주의적 행태'라 맞받아칠 정도였지요.

불평등과 환경 파괴의 악순환은 아프리카의 사하라 사막에서도 일어나고 있어요. 가뜩이나 기후 위기의 직격탄을 맞아 가뭄이 이어지고 있는 아프리카에서는 광물 자원이나 임업 자원 개발을 위한 무분별한 벌채, 그리고 화전민의 화전으로 인해 열대 우림 파괴가 더한층 가속화하고 있지요. 다국적 기업은 돈과 권력을 얻기 위해, 화전민은 어떻게든 생계를 유지하기 위해 자연환경을 파괴하고, 그 결과 사막화를 더욱 심각하게 만들어요. 이렇게 확대된 사막은 영세한 규모의 농업 또는 하천이나 호수에서 이루어지는 고기잡이, 그리고 사헬에서의 유목을 통해 삶을 영위하는 아프리카 빈민의 삶터를 파괴합니다.

이처럼 기후 위기로 인해 거주지를 떠나는 사람들을 '기후 난민'이라고 부릅니다. 해수면 상승, 사막화 확대, 열대 우림 파괴 등으로 삶터를 빼앗기거나 잃어버린 사람들이지요. 이들 기후 난민의 대부분은 저위도 지역이나 유라시아 내륙 지역의 개발 도상국에서 나옵니다. 기후 위기로 인해 삶터도 경제 기반도 잃어버린 이들 기후 난민은 결국 연고가 없는 땅으로 이주한 채 그전보다도 훨씬 심한 가난에 시달리며 차별받는 빈민으로 전락하는 예도 많습니다. 세계의 경제적, 사회적 불평등과 기후 위기의 불평등이 맞물린 채 심화하면서 결국 가난하고 차별받던 사람들이 기후 위기에 가장 먼저 타격을 입고 삶터마저 잃어버린 것입니다.

2021년 유엔 난민 기구는 2008년부터 기후 난민이 매년 평균 2150만 명 이상 발생해 왔으며, 2050년에는 누적 12억 명의 기후 난민이 발생하리라고 예측하였지요. 불평등과 기후 위기의 잘못된 연결 고리를 제대로 끊어 내지 못하면 기후 난민은 계속 증가하겠지요? 결국에는 기후 난민이 발생하는 지역의 범위 또한 커질 수밖에 없을 것입니다.

화석 연료 전쟁,
이제 그만!

2020년대에 들어와 가뜩이나 심각해지는 기후 위기를 러시아 정부는 더한층 악화시키고 있습니다. 2022년에 전면전으로 번진 러시아-우크라이나 전쟁 때문이지요.

온실가스 배출량을 줄이고 기후 위기를 막기 위한 실효성 있는 대책을 마련하려면 세계 각국의 긴밀한 협력이 필수적입니다. 전쟁이 일어나면 이러한 협력은 당연히 기대하기 어려워지죠. 전쟁의 규모가 커질수록 그러한 어려움도 커질 수밖에 없어요.

러시아-우크라이나 전쟁과 같은 대규모 국제전은 여러 나라가 직간접적으로 개입합니다. 그러면 러시아와 우크라이나 사이의 적개심은 물론 전쟁에 관여한 수많은 나라 사이에 적대 관계가 발생하지요.

게다가 전쟁은 극심한 환경 파괴와 온실가스 배출을 일으키는 일이에요. 군사 무기와 장비는 매우 빠르게 기동해야 하고, 적군의 공격을 방어하기 위해 두꺼운 철판으로 만든 장갑을 장착하는 경우도 많다 보니 연비가 크게 떨어집니다.

2022년 3월, 러시아군의 공격을 받아 파괴된 우크라이나의 레트로빌 쇼핑센터. 전쟁으로 인한 화기의 사용과 시설물의 파괴는 인명, 재산상의 피해는 물론 환경 문제와 기후 위기에도 중대한 악영향을 끼친다. 사진 shutterstock ⓒkibri_ho

일반적인 자동차나 항공기, 선박 등에 비해서 훨씬 많은 화석 연료를 소비하지요. 총격이나 포격, 폭격, 미사일 등 화기를 사용하는 공격도 상상 이상으로 많은 온실가스를 배출합니다. 화약이 연소하거나 폭약이 폭발하는 과정에서도 당연히 많은 양의 온실가스가 배출되고요.

전쟁이 끝나도 문제는 계속됩니다. 전쟁 때문에 파괴된 건물과 도로, 시설, 인프라를 재건하는 과정에서 많은 양의 온실가스가 발생하지요. 이 모든 온실가스 배출은 전쟁이 없었다면 일어나지도 않을 일입니다.

러시아–우크라이나 전쟁은 전쟁 당사국이 아닌 유럽 연합 각국의 탄소 배출량까지 많이 증가시키는 결과를 낳았어요. 유럽의 여러 나라가 러시아와 지리적으로 이어져 있어 전쟁의 영향을 직접 받다 보니 경제는 물론 정치, 안보상의 불안까지 더해진 탓에 신재생 에너지로의 전환에 차질이 빚어진 겁니다. 게다가 러시아로부터의 석유, 천연가스 수급에 문제가 생기자, 석탄을 비롯한 온실가스 배출량이 더 많은 화석 연료 사용량까지 증가한 데 따른 결과이지요.

정치적 다툼이나 이해관계 때문에 일어난 전쟁은 무고한 사람들의 목숨을 앗아 갈 뿐만 아니라, 온실가스 배출량에도 나쁜 영향을 미칩니다. 또 기후 위기 해결을 위해 애써 만들어진 국가 간 협력조차 무너뜨립니다. 전쟁이 일어나지 않게끔 노력해야 하는 이유가 절실한 까닭은 그 참혹함과 파괴는 물론 기후 위기 때문이기도 합니다.

기후 위기를 부채질하는
자국 중심주의

미국을 비롯한 선진국들은 왜 교토 의정서(온실가스 배출을 줄이기 위해 기후 변화 협약에 따라 맺은 의정서)를 반대했을까요? 바로 경제적 이해관계, 쉽게 말해서 돈 때문입니다. 오늘날 자본주의 경제 체제는 화석 연료에 의존하는 부분이 큽니다. 예를 들어 정유 산업은 석유, 즉 화석 연료를 다루는 산업이고, 자동차 산업(연료)이나 조선업(유조선) 같은 산업도 석유 산업과 밀접하게 연관되죠. 플라스틱이나 합성 섬유 등도 석유를 원료로 하고, 산업 활동을 하는 데 필수적인 전기와 동력은 화석 연료를 통해 얻는 경우가 다분히 많지요.

이런 현실 속에서 화석 연료 사용을 크게 줄이고 신재생 에너지의 비중을 늘리자고 하면 어떤 일이 일어날까요? 이러한 변화에 반대하는 목소리는 상상 이상으로 큽니다. 화석 연료의 사용이 크게 줄어들면 화석 연료를 통해 돈을 버는 기업체나 국가는 그만큼 손해를 보게 되지요. 온실가스나 오염 물질 저감을 위한 기술을 개발하고, 기존의 화석 연료를 사용하는 기계나 장비를 이렇게 개발한 새로운 장비로 바꾸는 데도 큰 비용이 들어요. 화석 연료 기반 산업을 통해 이익을 거두던 기업이나 국가는 신재생 에너지의 확대나 온실가스 저감 기술 등의 보급과 확산을 반기지 않아요. 이렇게 변화하면 자신들이 가졌던 이익이나 기득권을 빼앗길 수 있으니까요.

브라질의 보우소나루 전 대통령이 국제 사회의 강력한 규탄에도 불구하고 경제 성장을 이유로 아마존 파괴를 강행했던 까닭은 이 같은 이해관계에서 찾을 수 있습니다. 그를 규탄하고 비난하는 목소리와는 별개로, 아마존 파괴를 통해 이익을 얻는 이들은 보우소나루의 정책을 반기고 지지했을 테니까요.

미국에서 일어난 한파와 폭설을 근거로 기후 위기가 거짓이라고 주장한 트럼프 대통령 역시 마찬가지입니다. 그는 2025년 미국 대통령으로 재취임한 뒤, 직전 정부에서 추진한 내연 기관 자동차 규제와 전기 자동차 산업 육성 정책을 폐지했어요. 또 모든 국가가 온실가스 감축을 약속한 파리 협정을 탈퇴하고 심지어 기후 위기 분야 연구에 대한 예산까지 삭감했지요.

지난 2023년 열린 제28차 유엔 기후 변화 협약 당사국 총회에서는 주된 의제였던 화석 연료 퇴출이 산유국들의 반대로 무산되었고, 이듬해 열린 총회에서도 그 결과는 별반 다르지 않았어요. 중국은 미국의 트럼프 정부가 기후 위기에 역행하는 정책을 추진하자 국제 사회에서의 주도권을 확보하기 위해 재생 에너지와 기후 위기 대처를 위한 노력을 역설하고 있어요. 중국의 재생 에너지 산업의 규모가 커지고는 있지만 중국은 여전히 세계에서 가장 많은 양의 온실가스를 배출하고 있지요.

오늘날 자본주의 세계 경제를 지배하는 신자유주의는 기후 위기 문제의 악화에 일조하고 있어요. 신자유주의는 기업 활동의 자유를 중시하고, 통화의 공급을 제외한 경제 활동에 대한 정부의 규제를 최소화하는 데 중점을 둔 자본주의 사조입니다. 이 경제 사조는 그 자체가 환경 보존이나 기후 위기 대처에 부정적인 성격을 가집니다. 정부가 환경 문제, 기후 위기 문제 때문에 경제 활동이나 산업 활동에 간섭하면 안 될 테니까요.

신자유주의는 1980년대부터 호황을 이어 가며 전 세계로 퍼져 갔지만, 2008년 세계 금융 위기를 불러오며 한계를 드러내고 맙니다. 문제는 그로부터 20년 가까운 세월이 흘렀

오늘날 자본주의 세계 경제를 지배하는 신자유주의는 기후 위기 문제의 악화에 일조하고 있다.
미국 뉴욕. 사진 Pixabay ⓒLeonhard_Niederwimmer

는데 어느 나라도 이를 온전히 대체할 경제 체제를 마련하지 못하고 있다는 사실이지요. 신자유주의 세계 경제 질서는 파행을 겪으며 실업, 비정규직 문제, 빈부 격차, 경제 불안 등과 같은 부작용을 심화해 가고 있어요. 경제적인 어려움이 심해지자 세계 각국에서는 미래를 위한 기후 위기 해결보다 눈앞의 경제적 이익을 좇는 목소리가 커지고 있지요. 기후 위기를 부정하고, 자국의 이익만을 외치는 정치 지도자들이 힘을 얻는 현실도 바로 이 때문입니다.

파행을 이어 가는 신자유주의 세계 경제 속에서 기후 위기와 환경 문제를 외면하며 '경제'와 '국익'만을 외치는 이들의 위험성에 대한 올바른 이해는 무엇보다 중요합니다. 소수 기득권의 이익만을 옹호하려는 집단이 대중의 지지를 받지 못해야만 비로소 기후 위기 해결을 기대할 수 있을 것입니다.

인구 증가와 비례하는
온실가스 배출량

요즘 우리나라에서는 자녀를 많이 가진 사람을 '애국자'라 부르는 일이 일어나고 있습니다. 임신과 출산 그 자체를 '애국'이라 부르는 일도 일상에서 매우 흔하지요. TV나 라디오, 인터넷 같은 대중 매체에서는 임신과 출산을 장려하고, 아이를 낳고 기르는 일의 중요성과 행복을 강조하는 캠페인을 벌입니다. 전 세계적으로 유례가 없는 극 저출산 문제가 빚어낸 현실입니다.

그러나 지리적 스케일을 우리나라를 넘어 전 세계로 확대하면 이야기는 완전히 달라집니다. 오늘날 세계는 지나치게 많은, 그리고 너무 빠르게 증가하는 인구 때문에 지속 가능성에 심각한 위기를 겪고 있습니다. 1800년 10억 명가량이었던 세계 인구는 1930년 무렵 20억 명으로 두 배 증가했고, 1970년대 중반에는 그 두 배인 40억 명을 돌파합니다. 세계 인구는 더욱 빠른 속도로 증가해 1999년 60억 명, 2011년 70억 명, 2024년에는 80억 명까지 돌파하게 됩니다.

이처럼 지나친 인구 증가는 기후 위기에도 큰 부담을 줍니

전 세계 인구는 80억 명을 돌파했고, 지금도 빠른 속도로 늘어나고 있다. 이에 따라 온실가스 배출량도 함께 증가하고 있다. 사진 Pixabay ⓒgeralt

다. 인구가 증가할수록 온실가스 배출량도 함께 증가하니까요. 아주 단순하게 생각하면 인구가 10배로 증가하면 온실가스 배출량도 10배 가까이 증가하고, 인구가 10억 명 증가하면 10억 명분의 온실가스도 추가로 발생한다고 볼 수 있지요.

물론 온실가스 배출량은 산업의 종류, 과학 기술 수준, 환경 정책 등 다양한 요인의 영향을 받기 때문에, 온실가스 배출량의 증감이 인구 규모와 기계적으로 정확히 비례하지는 않아요. 하지만 인구의 급증과 지나친 인구수가 온실가스 배출량을 아주 많이 증가하게 만든다는 사실을 부정하기는 어렵습니다. 기후 위기를 극복하기 위한 노력과 기술의 발달을 통해 1인당 온실가스 배출량을 획기적으로 줄인다고 하더라도, 인구가 너무 많다면 그러한 노력이 제대로 효과를 거두지 못하겠지요.

게다가 인구 문제는 지리적 불평등과도 밀접하게 관계됩니다. 오늘날 지나치게 높은 출산율을 기록하고 있는 나라는 대부분 경제적 자원이나 의료 인프라가 부족하고, 개인이나 여성 인권에 대한 의식이 여전히 미흡한 나라들입니다. 선진국이 경제적 부와 자원, 지식과 정보를 독점하는 가운데 그로부터 배제된 나라에서는 너무 많은 인구가 환경은 물론 개

개인의 삶의 질까지 떨어뜨리지요.

기후 위기가 심해지면 농업 생산에도 악영향을 주어 식량 문제가 증가하고 인구 부양력이 감소하는 악순환까지 벌어집니다. 기후 위기에 대한 경각심을 지금보다 키우고, 더한층 강력하고 확실한 대책을 모색하고 실천해야 합니다. 그러기 위해서는 인구 문제의 중요한 원인으로도 작용하는 세계의 불평등과 차별에 대한 확실한 대안도 마련되어야 합니다.

기후 재난이 닥치면
사회에서 가장 약한 사람들이
가장 먼저 희생자가 된다.

2023년 10월 21일 캐나다 퀘백, 노숙인이 비 오는 날 패스트푸드점 밖의 테이블에 앉아 있다.
사진 shutterstock ⓒPascal Huot

6장

세계는 어디로 가야 할까?

과학 기술의 발전과
노력하는 세계

기후 위기가 일상 속으로 다가온 오늘날에는 많은 사람이 기후 위기 극복을 위해 노력하고 있어요. 국제 사회는 1997년 교토 의정서를 통해 기후 위기 예방과 대처를 위한 국제 협력에 시동을 걸었죠. 2020년 파리 협정 시행을 통해 더한층 본격적인 온실가스 감축과 기후 위기 대처를 위해 노력하고 있어요. 유엔 기후 변화 협약 당사국 총회가 계속해서 개최되고 그 내용이 세계적인 주목을 받는 까닭도 바로 이러한 맥락과 직결됩니다.

과학 기술의 발전은 기후 위기를 올바르게 이해하고 대처할 수 있도록 해 줍니다. 예를 들어 최근 주목받고 있는 전기 자동차는 기존의 내연 기관 자동차와 달리 주행 과정에서 온실가스를 배출하지 않아요. 전기 에너지는 친환경적인 방법으로 얻을 수 있을뿐더러 에너지 효율도 훨씬 뛰어나기 때문에 온실가스 배출량을 줄이는 데 크게 이바지할 수 있지요.

풍력 발전, 지열 발전, 태양광 발전, 수소 전지 등과 같은 신재생 에너지 역시 눈부시게 발전하고 있어요. 신재생 에너지

전기 에너지는 친환경적인 방법으로 얻을 수 있을뿐더러 에너지 효율도 훨씬 뛰어나기에 온실가스 배출량을 줄이는 데 크게 이바지할 수 있다. 사진 Pixabay ⓒJoenomias

는 석유, 석탄과 같은 화석 연료와 비교했을 때 온실가스 배출량이 크게 낮은 데다 환경 오염 물질 배출량 또한 적기 때문에 환경 보호에 의미 있는 도움을 줄 수 있어요.

아울러 세계 각국은 대기 중의 이산화 탄소를 분리하는 탄소 포집 기술 개발에도 노력을 기울이고 있지요. 탄소 포집 기술은 기후 위기의 직접적인 원인인 대기 중의 과다한 탄소를 직접 제거한다는 점에서 크게 기대받는 기술이기도 합니다. 애초에는 포집한 이산화 탄소를 농축해서 지하나 바다 깊숙한 곳에 매장한다는 아이디어였지만, 지금은 이산화 탄소를 가공하여 합성수지나 에너지 자원 등으로 전환하는 기술의 연구까지 이루어지고 있어요.

최근에는 이윤 추구가 핵심인 기업 경영에서도 기후 위기와 환경 보호, 지속 가능한 발전이 중요한 화두로 떠오르고 있어요. 그 대표적인 사례가 ESG 경영입니다. 환경(Environment), 사회(Social), 지배 구조(Governance)를 뜻하는 영문 단어의 머리글자를 딴 ESG는 기존의 기업 경영과 달리 탄소 배출량 감소, 환경 오염 방지, 생태계 및 생물 다양성 보존과 같은 기후 환경 분야에도 큰 비중을 둡니다. 소비자들이 기업의 기후 환경에 대한 책무에 관심을 크게 둠에 따라, 기업체의 경영 또한 기후 위기 대처와 환경 보호에 초점을 맞추는 방향으로 나아가는 거죠. 각국 정치인들도 정책과 선거 공약에 기후 위기에 대한 실효성 있는 대처 방안을 담고 있어요.

지리학의 발전은 기후 위기의 예측과 대처에 이바지할 수 있는 부분이 큽니다. 기후 위기는 오늘날 기후학을 비롯한 지리학의 여러 분야에서 중요한 화두로 자리 잡고 있어요. 기후학은 기후의 변동 추세를 연구하는 학문이니 당연히 기후 위기 시대에 그 중요성이 더 커지고 있죠.

실제로 기후 변화는 오늘날 기후학 연구의 핵심적인 주제로 자리매김하고 있어요. 또 기후 정의 문제를 지리적 불평등의 문제로 비판하고 이에 대한 대안을 모색하는 연구도 이루어집니다.

아울러 컴퓨터를 통해 다양한 지리 정보를 여러 종류의 지도 레이어(map layer: 지형, 기후, 도로, 식생 등 다양한 주제와 내용을 가진 서로 다른 지도의 층)로 분류한 다음 이를 중첩해 매우 신속하면서도 정교한 지리 분석을 하게끔 해 주는 시스템인 지리 정보 시스템도 활발하게 활용되고 있어요. 그리고 인공위성이나 항공기, 선박, 드론 등이 보내온 다양한 지리 정보

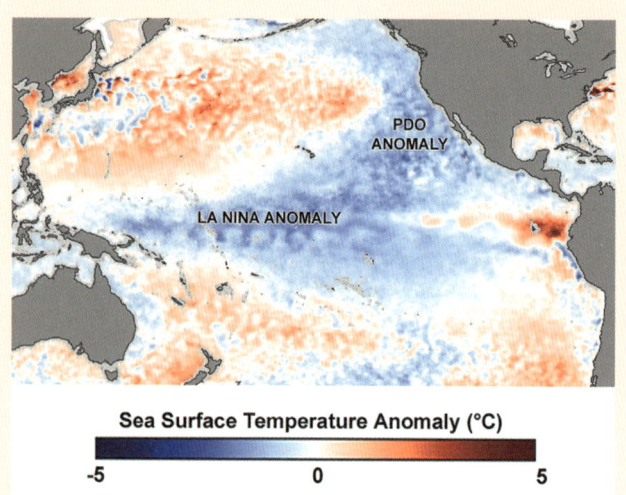

미항공우주국(NASA) 산하 제트추진연구소는 인공위성 데이터와 지리 정보 시스템 등을 활용한 원격 탐사를 통해 태평양 전역의 표층 수온 변화 양상을 지리 데이터로 변환, 분석하고 있다. 출처: 위키미디어 커먼스 ⓒNASA image by Jesse Allen

를 실시간으로 관측하고 분석하는 기술인 원격 탐사는 기후 위기 시대에 특히 주목받지요. 이를 활용하면 지구 대기와 물의 순환이 어떻게 바뀌는지, 그리고 이 때문에 어떤 지역에서 기후가 어떻게 변하는지 알 수 있어요. 이에 따라 어떠한 자연재해나 피해가 일어날 것인지를 효과적으로 예측하고 그에 적절한 대안을 제시할 수 있습니다.

속도와 방향,
지리적 불평등의 문제

사실 기후 위기 해결에 관한 전망은 절대 밝지 않습니다. 2100년까지 지구 평균 기온 상승 폭을 $1.5°C$ 이하로 억제한다는 파리 협정은 이미 비현실적인 목표로 전락한 듯합니다. 기후 위기에 대한 사람들의 인식 전환이 무색하게도 지구의 기온은 계속해서 상승하고 있으며 바다의 수온까지 함께 상승하고 있어요. 이러한 추세가 계속된다면 지구상에 존재하는 대기와 물의 순환이 더 심하고 빠르게 어그러질 거예요.

오늘날 세계 각국과 인류는 분명 기후 위기가 인류 사회의 지속 가능성을 중대하게 위협할 큰 위기임을 이해하고, 그에 대처하기 위해 노력하고 있어요. 그런데 어째서 기후 위기가 줄어들기는커녕 되레 시간이 흐를수록 커지는 것일까요? 그 이유는 기후 위기 대처의 속도와 방향, 그리고 지리적 불평등의 문제에서 찾을 수 있습니다.

기후 위기가 실효성 있게 해결되려면 기후 위기의 속도를 늦출 수 있을 정도로 강력하고 적극적인 대처가 이루어져야 합니다. 온실가스 배출량의 감소, 신재생 에너지로의 전환이

맹그로브 나무를 심는 방글라데시 여성. 막대한 양의 이산화 탄소를 흡수해 지구 온난화를 막는 '맹그로브 숲 복원' 사업에 많은 기업과 단체가 참여하고 있다. 사진 shutterstock ⓒRehman Asad

지금보다 훨씬 빠르고 적극적으로 실천에 옮겨져야만 기후 위기 문제가 의미 있게 해결될 수 있지요.

그런데 현실은 그렇지 못합니다. 친환경 정책이나 신재생 대체 에너지로의 전환 등에 반하는 이해관계를 가진 세력이나 집단이 기후 위기 대처를 위한 노력에 반대하는 일은 세계 각지에서 일어나고 있어요. 신재생 에너지나 대체 에너지의 기술적 미흡함이나 불완전성이, 이를 반대하는 구실로 쓰이는 사례도 쉽게 찾아볼 수 있지요.

세계의 지리적 불평등은 기후 위기를 더한층 가속화하고 있습니다. 선진국은 기득권을 유지하고 강화하느라, 개발 도상국은 넉넉잖은 경제적 여건이나 경제 발전 과제에 쫓기는 문제 등으로 인해 기후 위기 대처라는 과제가 등한시되어요. 지리적 불평등의 심화는 신자유주의의 파행, 그리고 이와 관련되는 자국 중심주의와 맞물리며 기후 위기 문제의 해결을 더욱더 어렵게 만들고 있습니다.

일회용품 사용 줄이기, 분리수거, 대중교통 타기 등은 우리가 일상에서 실천할 수 있는 기후 위기 대처 방법으로 널리 알려져 있어요. 많은 사람이 그런 노력을 실천에 옮기고 있으며, 기업체가 ESG 경영에 나서는 변화 등도 그 결실이라

일회용품 사용 줄이기, 분리수거, 대중교통 타기 등은 우리가 일상에서 실천할 수 있는 기후 위기 대처 방법이다. 사진 Pixabay ⓒwal_172619

고 볼 수 있지요. 하지만 오늘날 기후 변화의 추세를 살펴보면 그 정도의 노력만으로 기후 위기에 충분히 대처할 수 있을까 하는 의문도 강하게 듭니다.

"자유의 대가는 영원한 경계심이다." 아일랜드 정치가이자 법조인이었던 존 필폿 커런이 처음 남겼다고 알려진 이 문구는, 미국 건국의 주역이자 제3대 대통령을 지낸 토머스 제퍼슨이 인용한 것으로도 널리 알려져 있습니다. 정치적 자유와 민주주의는 그저 주어지는 것이 아니라, 권력에 대한 지속적인 감시와 견제, 그리고 권력의 위험성에 대한 경계와 각성 위에서야 비로소 실현될 수 있다는 뜻이지요.

'국익', '경제 발전' 등의 구실을 앞세우며 지리적 불평등을 심화하고, 기후 위기를 부정하는 세력이나 집단에 대한 확실한 감시와 경계심이 절실할 듯싶습니다. 이들이 힘을 얻지 못하도록 견제하는 것이 인류 사회의 지속 가능성을 지켜내는 데 꼭 필요한 일입니다.

프랑스 콜마르에 있는 자유의 여신상. 사진 shutterstock©Frolova_Elena

아무런 잘못도 없는 동물들이
기후 변화로 멸종 위기에 내몰리고 있다.

기후 위기를 해결하지 않으면 2100년에는 북극곰이 완전히 멸종할 수 있다.
사진 shutterstock ©Andrewfel

질문하는 시민 4
기후 불평등

초판 1쇄 발행 2025년 11월 17일

글 이동민 | **편집** 이해선 | **디자인** 신병근 | **제작** 세걸음

펴낸곳 다정한시민 | **펴낸이** 이해선 | **출판신고** 2024년 3월 4일 제 2024-000039호

주소 서울시 마포구 월드컵북로 400 서울경제진흥원 5층 출판지식창업보육센터 6호 | **전화** 070-8711-1130

팩스 070-7614-3660 | **이메일** dasibooks@naver.com | **블로그** blog.naver.com/dasibooks

인쇄·제본 상지사 P&B

ⓒ 이동민 2025

ISBN 979-11-94724-10-0 (44450) | 979-11-987002-2-3 (세트)